Gunter Steinbach
Einhard Bezzel
Jean C. Roché

Vögel in unserem Garten

*Mit Vogelstimmen-CD
und Vogeluhr*

KOSMOS

Vogelstimmen in unserem Garten – Der Inhalt der CD

Zum Abspielen der CD: Stellen Sie die Abhörlautstärke deutlich leiser ein als für Musik. Sie hören dann die Vögel aus etwas größerer Entfernung, doch so klingt es viel realistischer. Wenn Ihr Verstärker eine Klangregelung besitzt, senken Sie die Bässe etwas und die Höhen stärker ab. In der freien Natur hört man die Vögel meist nur aus recht großer Entfernung und somit ziemlich leise. Daher entspricht ein weiches Klangbild eher der Wirklichkeit.

Die Beschreibung der zu hörenden Laute entnehmen Sie bitte der nachfolgenden Aufstellung. Durch die den Namen vorangestellten Nummern lassen sich die einzelnen Stimmen leicht anwählen.

1 **Haubenlerche** *Galerida cristata* – Rufe und Gesang eines Männchens
2 **Heidelerche** *Lullula arborea* – verschiedene Rufe und Singflug eines Männchens
3 **Feldlerche** *Alauda arvensis* – Rufe und Singflug eines Männchens
4 **Uferschwalbe** *Riparia riparia* – zwei Beispiele für Flugrufe in einer Kolonie, Rufe und Gesang eines Männchens
5 **Mehlschwalbe** *Delichon urbica* – zwei Beispiele für Flugrufe, Warnruf, singendes Männchen im Nest
6 **Rauchschwalbe** *Hirundo rustica* – Rufe und Warnrufe im Flug, Gesang eines Männchens
7 **Baumpieper** *Anthus trivialis* – Flugruf, Warnruf, am Boden singendes Männchen, Fluggesang eines Männchens
8 **Wiesenpieper** *Anthus pratensis* – Warnrufe, Rufe, am Boden singendes Männchen, Fluggesang eines Männchens
9 **Bergpieper** *Anthus spinoletta* – verschiedene Rufe und Warnrufe, singendes Männchen des nahe verwandten Strandpiepers, dann ein Männchen des Bergpiepers
10 **Schafstelze** *Motacilla flava* – verschiedene Rufe und Gesang zweier Männchen in Folge
11 **Bachstelze** *Motacilla alba* – drei Beispiele für Rufe, singendes Männchen
12 **Gebirgsstelze** *Motacilla cinerea* – typische Rufe, am Boden singendes Männchen, Fluggesang eines Männchens
13 **Seidenschwanz** *Bombycilla garrulus* – singendes Männchen
14 **Wasseramsel** *Cinclus cinclus* – Flugrufe, singendes Männchen
15 **Zaunkönig** *Troglodytes troglodytes* – Rufe, Warnrufe, zwei Beispiele für den Gesang des Männchens
16 **Heckenbraunelle** *Prunella modularis* – Rufe, Warnrufe, drei Beispiele für den Gesang des Männchens
17 **Rotkehlchen** *Erithacus rubecula* – Warnrufe, verschiedene Rufe, singendes Männchen
18 **Nachtigall** *Luscinia megarhynchos* – zwei Beispiele für Warnrufe, singendes Männchen
19 **Blaukehlchen** *Luscinia svecica* – Warnruf, singendes Männchen
20 **Halsbandschnäpper** *Ficedula albicollis* – Ruf, singendes Männchen
21 **Trauerschnäpper** *Ficedula hypoleuca* – zwei Beispiele für Warnrufe, singendes Männchen
22 **Grauschnäpper** *Muscicapa striata* – zwei Beispiele für Rufe, singendes Männchen
23 **Hausrotschwanz** *Phoenicurus ochruros* – Warnruf, balzendes Paar, zwei Beispiele für den Gesang des Männchens
24 **Gartenrotschwanz** *Phoenicurus phoenicurus* – zwei Beispiele für Warnrufe, singendes Männchen
25 **Braunkehlchen** *Saxicola rubetra* – Warnruf, Gesang eines Männchens mit Imitationen
26 **Schwarzkehlchen** *Saxicola torquata* – Warnruf, rufendes und singendes Männchen
27 **Steinschmätzer** *Oenanthe oenanthe* – Warnrufe, Balzgesang eines Männchens, ruhiger Gesang
28 **Misteldrossel** *Turdus viscivorus* – zwei Beispiele für Warnrufe, schriller Ruf, zwei Beispiele für den Gesang des Männchens
29 **Wacholderdrossel** *Turdus pilaris* – Warnrufe, Rufe, Gesang des Männchens
30 **Ringdrossel** *Turdus torquatus* – verschiedene Warnrufe, erst ruhiger, dann erregter Gesang eines Männchens
31 **Amsel** *Turdus merula* – Warnruf, Alarmrufe, Alarm mit Flucht, Warnrufe mehrerer gegen einen Raubvogel hassender Vögel, Warnruf beim Auftauchen eines Feindes aus der Luft, zwei streitende Männchen, singendes Männchen
32 **Singdrossel** *Turdus philomelos* – Rufe, Warnruf, singendes Männchen
33 **Rotdrossel** *Turdus iliacus* – Warnrufe, schriller Kontaktruf und andere Rufe, Warnruf einer Gruppe, Wintergesang während des Zuges, drei Beispiele für den Gesang des Männchens im Frühling
34 **Feldschwirl** *Locustella naevia* – zwei Beispiele für den Gesang des Männchens
35 **Sumpfrohrsänger** *Acrocephalus palustris* – Warnruf, Gesang eines Männchens mit Imitationen
36 **Teichrohrsänger** *Acrocephalus scirpaceus* – Warnruf, singendes Männchen
37 **Drosselrohrsänger** *Acrocephalus arundinaceus* – Warnruf, singendes Männchen
38 **Gelbspötter** *Hippolais icterina* – singendes Männchen mit Imitationen
39 **Dorngrasmücke** *Sylvia communis* – drei Beispiele für Warnrufe, Rufe, kurzer Reviergesang, untypischer langer Gesang
40 **Klappergrasmücke** *Sylvia curruca* – Warnruf, singendes Männchen
41 **Gartengrasmücke** *Sylvia borin* – Warnruf, singendes Männchen

42 **Mönchsgrasmücke** *Sylvia atricapilla* – drei Beispiele für Warnrufe, zwei Beispiele für den Gesang des Männchens
43 **Waldlaubsänger** *Phylloscopus sibilatrix* – Ruf, singendes Männchen
44 **Zilpzalp** *Phylloscopus collybita* – Ruf, singendes Männchen
45 **Fitis** *Phylloscopus trochilus* – Ruf, Warnruf, zwei Beispiele für den Gesang des Männchens
46 **Wintergoldhähnchen** *Regulus regulus* – drei Gesangsbeispiele
47 **Sommergoldhähnchen** *Regulus ignicapillus* – Rufe, drei Beispiele für den Gesang des Männchens
48 **Schwanzmeise** *Aegithalos caudatus* – verschiedene Rufe, Gesang des Männchens
49 **Sumpfmeise** *Parus palustris* – verschiedene Beispiele für Warnrufe und den Gesang von Männchen und Weibchen
50 **Weidenmeise** *Parus montanus* – verschiedene Beispiele für Warnrufe und den Gesang von Männchen und Weibchen (auch der alpinen Form)
51 **Haubenmeise** *Parus cristatus* – verschiedene Beispiele für Warnrufe und den Gesang von Männchen und Weibchen
52 **Tannenmeise** *Parus ater* – verschiedene Beispiele für Warnrufe und den Gesang von Männchen und Weibchen
53 **Blaumeise** *Parus caeruleus* – verschiedene Angst-, Revierverteidigungs-, Kontakt- und Warnrufe, verschiedene Beispiele für den Gesang von Männchen und Weibchen
54 **Kohlmeise** *Parus major* – verschiedene Angst-, Revierverteidigungs-, Kontakt- und Warnrufe, mehrere Beispiele für den Gesang von Männchen und Weibchen
55 **Kleiber** *Sitta europaea* – verschiedene Rufe, Warnrufe und Gesänge von Männchen und Weibchen
56 **Gartenbaumläufer** *Certhia brachydactyla* – Rufe, singendes Männchen
57 **Waldbaumläufer** *Certhia familiaris* – Rufe, singendes Männchen
58 **Pirol** *Oriolus oriolus* – Warnrufe, Rufe, drei Beispiele für den Gesang des Männchens, Gesang eines zwei Monate alten Jungvogels
59 **Neuntöter** *Lanius collurio* – Warnrufe, Rufe, kurzer Wintergesang, Frühlingsgesang
60 **Raubwürger** *Lanius excubitor* – verschiedene Rufe und Warnrufe, verschiedene Gesänge des Männchens
61 **Eichelhäher** *Garrulus glandarius* – typische Rufe, Imitation eines Bussards, andere Rufe und Imitationen, singendes Männchen
62 **Elster** *Pica pica* – verschiedene typische Rufe eines Trupps
63 **Tannenhäher** *Nucifraga caryocatactes* – Rufe, singendes Männchen
64 **Alpendohle** *Pyrrhocorax graculus* – typische Rufe in einer kleinen Kolonie
65 **Dohle** *Corvus monedula* – typische Flugrufe eines Trupps, verschiedene Rufe am Nest
66 **Saatkrähe** *Corvus frugilegus* – verschiedene Beispiele für Rufe in einer Kolonie
67 **Rabenkrähe** *Corvus corone corone* – viele Rufbeispiele, die letzten acht aus Spanien
68 **Nebelkrähe** *Corvus corone cornix* – verschiedene Rufe
69 **Kolkrabe** *Corvus corax* – verschiedene Flugrufe eines Paares, Rufe im Sitzen
70 **Star** *Sturnus vulgaris* – Streit- und Warnrufe, andere Rufe, Rufe eines Trupps Jungvögel, Überwinterungstrupp, zwei Beispiele für den Gesang des Männchens mit Imitationen
71 **Haussperling** *Passer domesticus* – Rufe und Streitrufe, singendes Männchen, Winterquartier
72 **Feldsperling** *Passer montanus* – verschiedene Rufe, singendes Männchen
73 **Buchfink** *Fringilla coelebs* – Kontaktruf, andere Rufe und Warnrufe, zwei Gesangsstrophen ohne Abschluss, vier vollständige Gesangsbeispiele des Männchens
74 **Bergfink** *Fringilla montifringilla* – verschiedene Rufe, drei Beispiele für den Gesang des Männchens
75 **Girlitz** *Serinus serinus* – verschiedene Rufe, Fluggesang des Männchens
76 **Grünfink** *Carduelis chloris* – verschiedene typische Rufe, zwei Beispiele für den Gesang des Männchens
77 **Stieglitz** *Carduelis carduelis* – verschiedene Rufe, zwei Beispiele für den Gesang des Männchens
78 **Erlenzeisig** *Carduelis spinus* – verschiedene Rufe, singendes Männchen, rufender Trupp im Winter
79 **Birkenzeisig** *Carduelis flammea* – verschiedene Rufe und typische Fluggesänge
80 **Hänfling** *Carduelis cannabina* – verschiedene Rufe, singendes Männchen, rufender Trupp im Winter
81 **Fichtenkreuzschnabel** *Loxia curvirostra* – verschiedene typische Rufe, Warnrufe, andere Rufe, zwei Beispiele für den Gesang des Männchens
82 **Gimpel** *Pyrrhula pyrrhula* – rufendes Weibchen, rufendes Männchen, singendes Männchen
83 **Kernbeißer** *Coccothraustes coccothraustes* – singendes Männchen
84 **Goldammer** *Emberiza citrinella* – Rufe, Gesang ohne den üblichen Abschluss, zwei Beispiele für den vollständigen Gesang
85 **Rohrammer** *Emberiza schoeniclus* – Rufe, zwei Beispiele für den Gesang des Männchens
86 **Grauammer** *Miliaria calandra* – Rufe, Warnrufe, zwei Beispiele für den Gesang des Männchens

Zu diesem Buch

Die meisten Singvögel sind außerordentlich bewegungsfreudig und lebhaft. Viele Arten tragen wenigstens zur Paarungs- und Brutzeit ein farbenfrohes Federkleid, viele können kunstvoll singen, zumindest lustig pfeifen und trillern, fast alle gelten als „nützlich". Das alles mag zur Beliebtheit der Singvögel beigetragen haben. Wenn Menschen von ihren „gefiederten Freunden" sprechen, meinen sie hierzulande die Singvögel. Die Freundschaft ist aber getrübt. Nach der „Roten Liste der Brutvögel Deutschlands" (1996) sind von 273 regelmäßig in Deutschland brütenden Vogelarten 21 gefährdet, 24 stark gefährdet, 25 vom Aussterben bedroht und 44 extrem selten oder zurückgehend. Damit stehen ca. 50 % unserer Brutvögel auf der Roten Liste!

Bei uns werden Singvögel nicht wie anderswo in Europa für Grillspieße und Kochtopf oder einfach aus Spaß am Schießen umgebracht. Dass Vögel unserer Heimat aussterben, einige Arten in ihrem Fortbestand alarmierend bedroht sind, liegt trotzdem in unserer Verantwortung. Unsere Lebensweise verursacht einen hohen Rohstoff-, Energie- und Landverbrauch, belastet die Restnatur, verringert und verschlechtert die verbleibenden Lebensräume und entzieht dadurch den Vögeln ebenso den Boden wie anderen Tieren und Wildpflanzen. Viele Menschen unserer Zeit sehen den Missstand, ohne selbst etwas zur Linderung beizutragen. Wir aber wollen nicht resignieren, sondern dort mit unserem Verhalten und Handeln einsetzen, wo es Möglichkeiten gibt.

Wirksamer und langfristiger Schutz muss über Einzelmaßnahmen hinaus – wie überall, wo Tierarten, also Lebensgemeinschaften geholfen werden soll – die Lebensräume erhalten oder verbessern. Hierfür ist Gruppenarbeit mit Sachverstand und Naturliebe gefragt. Wer sich allein hilflos fühlt, sollte sich deshalb einer Gruppe, etwa dem NABU (Naturschutzbund Deutschland), anschließen oder mit Gleichgesinnten eine Arbeitsgruppe gründen.

Gunter Steinbach

Inhalt

Singvögel kennen lernen

Wie viele Arten gibt es?

Bild 1 (rechts): Amselmänn-
chen sind durch das schwarze
Federkleid, den gelben Schnabel und den gelben Augenring
gut vom dunkelbraunen Weibchen zu unterscheiden.

Bild 1 (rechts): Amselmänn-
chen sind durch das schwarze
Federkleid, den gelben Schnabel und den gelben Augenring
gut vom dunkelbraunen Weibchen zu unterscheiden.

Bild 2: Der Star singt auf dem
Dach des Starenkastens. So
macht er ein Weibchen darauf
aufmerksam, dass er eine pas-
sende Nisthöhle gefunden
hat. An dem glänzenden Gefieder und dem vergleichs-
weise kurzen Schwanz kann
man den Star gut von der
etwa gleich großen Amsel
unterscheiden.

Drossel, Star, Meise, Fink – das sind die bekanntesten Namen, die jedem einfallen, wenn er nach
einem Singvogel gefragt wird. Doch über 80 ver-

schiedene Singvogelarten kann man in allen Teilen Deutschlands entdecken, viele von ihnen sogar als Brutvögel. Einige, wie der Seidenschwanz,
die Rotdrossel oder der Bergfink, erscheinen bei
uns fast regelmäßig als Durchzügler oder Win-
tergäste. 20 bis 30 weitere Singvögel kommen
nur in manchen Gegenden vor, als besondere Ra-
rität sozusagen. Der Kolkrabe war bei uns nach
jahrzehntelanger Verfolgung und Jagd vom Aussterben bedroht. Heute brütet er wieder in großen Teilen Nordwestdeutschlands sowie in wald-
reichen Bergländern.

Die bekanntesten Singvogelgruppen umfassen
viele Namen: Lerchen, Stelzen, Pieper, Schwalben, Würger, Rohrsänger, Grasmücken, Laubsänger, Goldhähnchen, Fliegenschnäpper (zu denen
auch Rotkehlchen, Rotschwänze, Steinschmätzer
und die Nachtigall zählen), Braunellen, Drosseln,
Baumläufer, Ammern, Finken, Sperlinge, Raben-
vögel. Eine ausgesprochene Sonderstellung ohne
nähere Verwandte nehmen in unserer Vogelwelt
z. B. der Zaunkönig, die Wasseramsel, der Kleiber, der Star oder der Pirol ein.

Die Nahrung der Singvögel

Die Ernährungsgrundlage vieler einheimischer
Singvögel bildet das große Heer der Insekten
und ihrer Larven, auch kleine Spinnen, Tausend-
füßler und andere Gliedertiere sowie Würmer,
mitunter Schnecken. Es gibt ganz verschiedene
Techniken des Nahrungserwerbs. Schwalben
schnappen fliegende Insekten im Flug oft hoch
über dem Boden. Fliegenschnäpper führen vom
Ansitz einen kleinen Fangflug aus und kehren
rasch wieder auf einen Sitzplatz zurück. Laubsänger und Grasmücken suchen Bäume und Büsche ab, ebenso die Meisen, die sich im Winter
aber zum Teil auf Körnerfutter umstellen. Amseln und ihre Verwandten, wie Sing- oder Wacholderdrossel, aber auch der Star, holen Regenwürmer und bodenbewohnende Insektenlarven
aus den oberen Bodenschichten. Im Sommer
und Herbst leben sie auch von Beeren und weichen Früchten; große Starenschwärme machen
sich vor allem in Weingegenden unbeliebt. Gro-
ßenteils von Körnern und kleinen Sämereien leben die Finken, Sperlinge und Ammern. Viele
dieser Körnerfresser tragen einen kräftigen, ke-
gelförmigen Schnabel. Der Schnabel der Insektenfresser ist dagegen meist fein und spitz. Meisen, die sich je nach Jahreszeit auf verschiedene
Nahrung umstellen können, haben einen kräftigen kurzen Schnabel, der aber nicht so mächtig
ist wie der eines Grünfinken oder Buchfinken.
Auch so genannte Körnerfresser füttern ihre Jungen zum größten Teil mit Insekten.

Bild 3: Buchfinkenmännchen
sind prächtig gefärbt. Das
Weibchen ist insgesamt grün-
licher und hat wie das Männchen zwei auffällige weiße
Flügelbinden.

Die meisten einheimischen Singvögel ernähren sich also recht vielseitig. Allerdings wird man eine Grasmücke oder ein Rotschwänzchen niemals mit Körnern füttern können. Typische Allesfresser sind Krähen, Dohlen und Elstern, die selbst in Abfallhaufen noch etwas Genießbares finden. Sie können sogar kleine Wirbeltiere, etwa Mäuse, fangen; ihnen fallen nicht selten Jungvögel zum Opfer.

Gefahren und Verluste sind normal

Elster, Rabenkrähe und Eichelhäher räumen manchmal auch Vogelnester aus. Sie deswegen als „Schädlinge" rücksichtslos zu verfolgen, wäre falsch. Jedes Tier hat seine Aufgabe in einer Lebensgemeinschaft. Es wird oft behauptet, Elstern, Krähen und Eichelhäher hätten so stark zugenommen, dass man sie zum Schutze anderer Singvögel kurz halten müsse. In manchen Bundesländern werden Elster und Rabenkrähe daher stark bejagt. Doch diese Ansicht ist nicht richtig, denn der beste Schutz für Singvogelnester ist immer noch ein möglichst vielseitiges Angebot an Nistplätzen.

Wer viele Vogelbruten beobachtet, erlebt, dass ein hoher Anteil zu Grunde geht. Schlechtes Wetter, tierische und menschliche Nesträuber, aber auch Nahrungsmangel oder vorzeitiger Tod der Eltern verursachen die hohen Ausfälle. Im Allgemeinen bringen Vogelpaare aber so viele Nachkommen hervor, dass auch hohe Verluste wieder ausgeglichen werden. Misserfolge sind also durchaus normal und in der Natur eingeplant. Bei vielen Singvögeln geht fast die Hälfte der Bruten zu Grunde, ohne dass ihr Bestand abnimmt. Also keine Aufregung, wenn die Eier der Kohlmeise im Nistkasten verlassen werden oder im Amselnest alle Jungen abgestorben sind.

Zug- und Standvögel

Nicht alle Vogelarten können wir das ganze Jahr über beobachten. Die Zugvögel verlassen uns im Herbst, um den Winter in wärmeren Gegenden zu verbringen, und kehren im Frühjahr wieder zurück. Langstreckenzieher fliegen bis ins tropische Afrika, zum Beispiel Schwalben, Pirol, Neuntöter, Gartengrasmücke, Grauschnäpper. Sie kommen meist erst im April oder Anfang Mai wieder zurück. Kurzstreckenzieher überwintern dagegen bereits in Südeuropa und im Mittelmeergebiet einschließlich Nordafrika. Das gilt für Star, Bachstelze, Feldlerche, Singdrossel, Hausrotschwanz und Rotkehlchen. Schon im Februar oder März treffen sie wieder bei uns ein. Bei einigen Arten ziehen nicht alle Vögel fort; einige bleiben den Winter über bei uns, etwa in milderen Gegenden oder in Großstädten. Dies können wir bei Rotkehlchen, Heckenbraunelle oder Zaunkönig beobachten. Man nennt solche Arten Teilzieher. Viele Singvögel streifen von Herbst bis Frühling auch weiter umher und tauchen dann plötzlich an Stellen auf, an denen sie sonst nicht zu sehen sind. Auch bei nicht wegziehenden Arten kommen also kleinere Wanderungen vor. Wir können im Winter zum Beispiel umherstreichende Meisen- und Finkenschwärme beobachten, die aus der weiteren Umgebung stammen. Winterschwärme kommen aber teilweise auch aus dem Norden und Osten Europas, wie die Bergfinken, die auch Futterstellen im Garten besuchen, oder die vielen Saatkrähen. Standvögel bleiben dagegen das ganze Jahr meist an demselben Platz wie etwa die Kohlmeise oder der Haussperling.

Wie lernen wir Singvögel kennen?

Will man lernen, die vielen verschiedenen Arten sicher anzusprechen, braucht man ein Bestimmungsbuch. Es sollte möglichst viele farbige Abbildungen und genaue Beschreibungen enthalten (Vorschläge auf Seite 36). Mit dem Bestimmungsbuch kann man sich zu Hause die Kennzeichen der einzelnen Vogelarten einprägen. Wenn man draußen Vögel beobachtet, hat man es am besten immer dabei. Man kann dann an Ort und Stelle einen noch unbekannten Vogel bestimmen oder sich versichern, einen schon bekannten Vogel richtig angesprochen zu haben.

Neben dem Bestimmungsbuch, das über die verschiedenen Vogelarten Auskunft gibt, braucht man ein Fernglas. Mit diesem wichtigsten Hilfsmittel der Vogelbeobachtung kann man die Vögel auch aus einiger Entfernung gut sehen und Einzelheiten im Gefieder erkennen. Das Fernglas sollte 8- bis 10fache Vergrößerung aufweisen.

Für das sichere Erkennen vieler Singvogelarten sind auch deren Rufe und Gesänge wichtig. Oft hört man die Vögel, bevor man sie zu Gesicht bekommt. Die Rufe haben ganz unterschiedliche Funktionen. Altvögel beispielsweise warnen mit bestimmten Rufen vor Feinden. Jungvögel betteln mit anderen Rufen ihre Eltern um Futter an. Die Gesänge werden meist nur von den Männchen vorgetragen, die damit ihr Revier markieren und Weibchen als Brutpartner anlocken.

Die Vogelstimmen kann man sich mit Hilfe von CDs oder Kassetten einprägen. Viel besser und genauer lassen sich die Rufe und Gesänge aber kennen lernen, wenn man sich einem erfahrenen Vogelkenner auf einer Wanderung anschließt. Übrigens: Man braucht nicht besonders musikalisch zu sein, um in die Vogelstimmenkunde einzusteigen. Aber manche Stimmen muss man immer wieder hören, bis man sie richtig „im Ohr" hat. Und um ein wirklich sattelfester Vogelkundler zu werden, braucht es oft Jahre. Bis dahin aber gibt es auf vielen Wanderungen neue Stimmen zu entdecken. Und das ist einfach spannend!

Bild 4. Dem Text auf dieser Seite sind die verkleinerten Umrisse eines Goldhähnchens und eines Kolkraben maßstabgerecht unterlegt; deutlich wird der gewaltige Größenunterschied zwischen dem kleinsten und dem größten einheimischen Singvogel.

Einige Vogelgesänge kann man sich leicht merken:
- Der Zilpzalp singt so, wie er heißt.
- Eine Eselsbrücke zum Erkennen der Flötenstrophen des Pirols bietet der volkstümliche Name „Vogel Bühlow".
- Der Stieglitz erhielt seinen Namen nach seinen typischen „stigelitt"-Rufen.
- Der perlende, klirrende Gesang des Girlitzes erinnert an einen Glasstöpsel, der in einer Flasche gedreht wird.

Singvögel und ihr Lebensraum

Die meisten Singvögel brauchen Bäume oder Büsche als Nistplätze, als Singwarten oder auch zur Nahrungssuche. Daher finden wir im Park und im Wald besonders viele. Erstaunlich viele Arten aber kommen in die unmittelbare Nähe des Menschen und lassen sich am Haus oder im Garten beobachten. Der Haussperling kann sogar nur dort leben, wo Menschen wohnen. Rauch- und Mehlschwalben bauen ihre Nester bei uns heute fast ausschließlich an menschlichen Bauten. Der Hausrotschwanz brütet selbst mitten in Großstädten unter Dachvorsprüngen oder in Mauerlöchern. In Dörfern oder an einzeln stehenden Häusern teilen oft noch Bachstelze oder Grauschnäpper ihre Wohnstätte mit dem Menschen. Trotzdem: Garten und Haus bieten nur einer Auswahl von Arten ausreichende Lebensmöglichkeiten.

Den vielfältigsten Lebensraum bildet der heute nur noch in spärlichen Resten übrig gebliebene Auwald an urwüchsigen Flussufern. Im Mischwald oder Laubwald mit reichhaltigem Unterholz oder mit Lichtungen, auf denen Jungbäume oder Büsche heranwachsen können, finden ebenfalls viele Arten ihr Auskommen. Zaunkönig, Rotkehlchen, Grasmücken oder Heckenbraunelle bauen ihre Nester niedrig über dem Boden und leben vor allem im unteren Stockwerk des Waldes. Die Stämme der großen Bäume sind Kleiber und Waldbaumläufer vorbehalten. Sie enthalten auch Bruthöhlen für Stare, Meisen, Gartenrotschwanz oder Trauerschnäpper. Hoch oben im Laubdach leben Pirol, Buchfink und Kernbeißer. Von den Wipfeln der höchsten Waldbäume singen Mistel- oder Singdrosseln. Sie suchen ihre Nahrung vorwiegend auf kurzrasigem Waldboden, so wie es Amseln

auf dem Rasen der Vorgärten tun. Nur wenige Singvögel sind an das Leben im reinen Nadelwald angepasst. In den großen Fichten- oder Kiefernforsten, die bei uns heute einen guten Teil des natürlichen Laub- und Mischwaldes ersetzen, werden wir nur wenige Vogelstimmen hören. Am häufigsten treffen wir dort Winter- und Sommergoldhähnchen an oder Tannen- und Haubenmeise. Ein ausgesprochener Spezialist ist der Fichtenkreuzschnabel. Mit seinen gekreuzten Schnabelspitzen holt er die Samen aus den Zapfen der Nadelbäume heraus.

Auf vollkommen baumlosen Feldern und Wiesenflächen leben nur wenige Singvogelarten. Ein typischer Bewohner ist die Feldlerche. Im Tiefland brüten auch Schafstelzen oder Grauammern, auf feuchteren Wiesen vor allem in Norddeutschland Wiesenpieper. Sie alle sind Bodenbrüter. Wird die Feldmark durch Feldgehölze, Buschgruppen oder Hecken belebt, erhöht sich die Zahl der Singvögel sofort. Einige Wald- und Parkbewohner siedeln auch in kleinen Gehölzen, so der Buchfink. Typische Heckenvögel sind dagegen Neuntöter, Bluthänfling oder Dorngrasmücke. Selbst wo nur wenige Büsche stehen, trifft man wahrscheinlich die Goldammer an.

Manche Vogelarten sind deswegen so sehr gefährdet, weil sie nur in ganz bestimmten, bei uns selten gewordenen Biotopen leben können. Hierzu zählen einmal die Nutznießer kahler, trockener Flächen, die man oft abfällig als Ödland bezeichnet. In unbewachsenen Kiesgruben oder auf Schotterflächen brütet der Steinschmätzer. Auf Bauplätzen oder Kiesflächen, oft zwischen Häusern und Industrieanlagen lebt die Haubenlerche. In die Steilwände von Lehm- oder Sandgruben bohren die Uferschwalben ihre Niströhren. Wiesen und Weiden, auf denen die Pflanzen noch unbehindert wachsen können und nicht durch Mähmaschinen kurz gehalten werden, dienen dem Braunkehlchen als Lebensraum. Im Schilf leben hochgradige Spezialisten, die Rohrsänger, die man nur schwer zu Gesicht bekommt. An klaren Bächen und Flüssen vom Bergland bis hinaus ins Tiefland brüten Wasseramsel und Gebirgsstelze.

Bild 5: Unsere Singvögel besiedeln ganz unterschiedliche Lebensräume. Folgende Vogelarten sind abgebildet:
1. Singdrossel
2. Buchfink
3. Kleiber
4. Braunkehlchen
5. Stieglitz
6. Goldammer
7. Hausrotschwanz
8. Kohlmeise
9. Feldlerche
10. Rotkehlchen

Platz für Vögel

Wer kann überleben?

In allen Lebensräumen unserer Landschaft treffen wir Singvögel, auch in der von uns Menschen stark veränderten und genutzten Kulturlandschaft. Wenn wir genau beobachten, stellen wir fest, dass solche Singvogelarten am häufigsten sind, die mit den Bedingungen der menschlichen Lebens- und vor allem Wirtschaftsweise gut zurechtkommen. Sie können deshalb auf den landwirtschaftlich genutzten Flächen ebenso wie in unserer unmittelbaren Umgebung, in Dörfern und Städten überleben. Wenn wir aber viele Amseln, Spatzen, Grünfinken oder Kohlmeisen bei uns beobachten können, so heißt das noch lange nicht, dass wir uns um den Fortbestand der Singvögel in unserer Landschaft keine Sorgen zu machen bräuchten. Im Gegenteil: Die wenigen noch häufigen Singvögel lassen uns leicht vergessen, dass die Mehrzahl der Arten große Probleme hat, zu überleben. Die Flächen vieler wichtiger Lebensräume, wie Moore, Schilfflächen, naturnahe Wälder, naturnahe Wiesen und saubere Gewässer, gingen in den letzten Jahrzehnten dramatisch zurück oder werden dauernd durch Menschen gestört.

Alle Hilfsmaßnahmen wie Nistkästen aufhängen oder Vogelfüttern sind nutzlos, wenn es nicht gelingt, Lebensraum der Vögel zu erhalten.

Wie viele andere Lebewesen, sind auch die Singvögel bedroht durch die

- ▶ Vernichtung von Wald-, Wiesen-, Moor- und Heideflächen zugunsten von Straßen, Flugplätzen, Industrieanlagen und Häusern;
- ▶ Verwandlung großer Flächen abwechslungsreicher Landschaft in einförmige Produktionssteppen, auf denen jeweils nur eine Pflanze wächst, auf denen Gifte die Insekten und Kräuter vernichten, auf denen Büsche und Gehölze keinen Platz mehr finden;
- ▶ Vergiftung der Umwelt mit Schadstoffen aller Art;
- ▶ Störung und nicht selten auch Zerstörung naturnaher Landschaft durch Freizeitrummel und Sportanlagen.

Wir alle müssen lernen, mit dem Lebensraum, der immer knapper wird, sorgfältig und behutsam umzugehen. Auch wenn wir keine Grundbesitzer sind, können wir dazu beitragen, Lebensräume für Singvögel zu verbessern und zu erhalten. Jeder kann im Kleinen damit anfangen. Und er kann durch sein Verhalten gute Beispiele geben!

Gartenbesitzer sind gefordert

Wer einen Garten besitzt oder dafür verantwortlich ist, kann sich gewissermaßen auf eigenem Grund und Boden für bessere Lebensbedingungen der Singvögel einsetzen. Ein ganz wichtiger Punkt kommt manchem von uns sicher sehr

Bild 6: In Hecken finden viele Singvögel Nistmöglichkeiten. Ein häufiger Heckenstrauch ist der abgebildete Schleh- oder Schwarzdorn, der bereits im zeitigen Frühjahr weiß blüht.

entgegen: Nicht jede Ecke im Garten soll immer peinlich sauber und aufgeräumt sein. Der Garten ist dennoch „gepflegt", wenn man diesen Begriff nur richtig versteht. Ein gepflegter Garten bedeutet nicht automatisch rasierter Rasen, gestutzte Büsche, säuberlich vom Gras befreite Wege und wildkrautfreie Rabatten in Reih und Glied. Ein ökologischer Garten, der nicht ganz so pingelig sauber wirkt, macht allerdings auch Arbeit. Viele Singvögel, die im Garten leben, nutzen jede Lebensraum-Möglichkeit, die man ihnen bietet.

Ein kleiner Tümpel im Garten beherbergt nicht nur viele Kleintiere, sondern wird vor allem im Sommer als Vogelbad und Vogeltränke geschätzt. Mindestens ein Ufer des Tümpels, der als Vogelbad auch ganz klein sein kann, sollte sehr flach sein, damit Singvögel von etwa Spatzengröße im Seichtwasser stehend baden können. Auch sollte die Wasserfläche nicht von allen Seiten dicht zuwachsen, damit freier An- und Abflug gesichert sind. In einem größeren Teich bilden auch schwimmende flache Holzstücke gute Sitzgelegenheiten für Singvögel. Das sich am Teich reich entfaltende Insektenleben bietet im Sommer vielen Arten Nahrung; Bachstelze, Rotschwänze, Laubsänger, Grasmücken oder Rotkehlchen ziehen daraus Nutzen. Besonders an warmen Tagen gewährt eine Vogeltränke – ähnlich dem Futterhaus im Winter – gute Beobachtungsmöglichkeiten.

Auf einem frisch gemähten Rasen tummeln sich zwar gern Amseln und vielleicht auch einmal ein paar Stare, um Regenwürmer aus dem Boden zu holen. Auch einige flinke Bachstelzen laufen womöglich hinter ein paar Insekten her. Doch viel mehr Vögeln hilft es, wenn man die Wiese wachsen lässt.

Spatzen und Grünfinken nehmen unreife milchige Grassamen an. Stieglitze und Grünfinken finden sich am eben abgeblühten Löwenzahn ein. Später im Sommer und im Herbst bedeuten zum Beispiel Disteln, Mädesüß, Wegwarte oder Sonnenblume für viele Finkenvögel und Meisen eine wichtige Nahrungsquelle; Gimpel, Grünfink, Girlitz, Erlenzeisig, Stieglitz und Sumpfmeisen stellen sich gern zur Samenreife ein. Natürlich entfaltet sich auch das Insektenleben in einer blühenden und fruchtenden Wiese ungleich reicher als über dem abgemähten Rasen. Wenn im Spätsommer und Herbst kleine Hochstaudendickichte herangewachsen sind, huschen Laubsänger oder Grasmücken im Pflanzengewirr umher, um Kerbtiere zu fangen. Verblühte Stauden oder gar Disteln liebt der Gärtner nicht, weil sie ungepflegt aussehen. Doch die Singvögel brauchen sie, zumal sie in den aufgeräumten Garten- und Stadtlandschaften kaum noch solche „unordentlichen" Pflanzenstandorte finden.

Büsche und Hecken sind nicht nur gute Brutplätze für viele Vögel, dichte Hecken können auch beliebte Schlafplätze bilden. Im Herbst und Winter bieten folgende Sträucher und Bäume wichtige Überbrückungshilfen bei Nahrungsengpässen: Birke (Erlenzeisig, Birkenzeisig), Eberesche (Drosseln), Heckenrosen mit Hagebutten (Grün-

Bild 7 : Am Waldrand stoßen verschiedene Lebensräume zusammen. Daher kann man dort oft mehr Vögel als anderswo beobachten.

fink), Erle (Erlenzeisig), Ahorn (Gimpel). Im Herbst ernähren sich viele Insektenfresser, wie etwa Grasmücken, vorübergehend von Holunderbeeren, ebenso Drosseln. Bei uns nicht heimische Ziergehölze dagegen sind für die Singvögel meistens wertlos.

Es lohnt sich, Hobbygärtner zu bewegen, altes Laub liegen zu lassen oder zumindest einen zusammengerechten Laubhaufen. Für Nachtigall, Rotkehlchen, Amsel, Singdrossel und andere Arten, die Nahrung am Boden suchen, kann das

---

Singvögel auf der „Roten Liste der Brutvögel Deutschlands" von 1996

Gruppe 0: Ausgestorben oder verschollen
Schwarzstirnwürger, Steinrötel, Steinsperling u.a.

Gruppe 1: Vom Aussterben bedroht
Halsbandschnäpper, Raubwürger, Rotkopfwürger, Seggenrohrsänger, Zippammer.

Gruppe 2: Stark gefährdet
Brachpieper, Drosselrohrsänger, Grauammer, Ortolan, Schilfrohrsänger, Zaunammer.

Gruppe 3: Gefährdet
Blaukehlchen, Braunkehlchen, Haubenlerche, Schwarzkehlchen, Uferschwalbe.

Gruppe R: extrem selten
Alpenbraunelle, Bergfink, Felsenschwalbe, Karmingimpel, Mauerläufer, Orpheusspötter, Rotdrossel, Schneefink.

Gruppe V: Zurückgehend, Arten der Vorwarnliste
Bartmeise, Dorngrasmücke, Feldlerche, Feldsperling, Gartenrotschwanz, Heidelerche, Neuntöter, Rauchschwalbe, Rohrschwirl, Schafstelze, Steinschmätzer.

Bild 8: Mit verhältnismäßig wenig Aufwand lässt sich ein Garten „vogelfreundlich" gestalten. Er sollte vor allem abwechslungsreich mit einheimischen Sträuchern und Bäumen bepflanzt sein.

1 Alte, hohle Bäume für Höhlenbrüter.

2 Am Gartenhaus ist unter dem Dach noch Platz für eine Halbhöhle für Hausrotschwanz, Grauschnäpper und Bachstelze.

3 Trockensteinmauern verbessern das Angebot an Nahrungstieren für Insektenfresser

verrottende Laub mit seinen vielen Kleintieren einen gedeckten Tisch bedeuten, auch noch im Vorfrühling des nächsten Jahres.

Kurz gesagt: Es gibt vielfältige Möglichkeiten, einen Garten „vogelfreundlich" zu gestalten. Was im Einzelnen geschehen kann, hängt von der Größe des Gartens genauso ab wie vom vorhandenen Pflanzenbestand. An der Größe ist meist nichts zu ändern, die Bepflanzung aber kann man nach und nach verändern. Man braucht auch nicht gleich den gesamten Garten umzugestalten, selbst Teile können Vögeln neuen Lebensraum bieten – wenn die ökologischen Bedingungen stimmen. Wie so ein „vogelfreundlicher Garten" aussehen kann, zeigt das Bild auf dieser Seite.

Einsatz für den Vogelschutz

Vieles, was wir im Garten tun können, lässt sich auch draußen verwirklichen. Für den Einzelnen oder für eine Gruppe Gleichgesinnter bietet sich manche Möglichkeit, den Lebensraum für Singvögel zu verbessern, etwa im Schulgarten, am Sportplatz, aber auch im Stadtpark. Einen kleinen Tümpel anzulegen, ein kleines Gehölz oder eine Buschreihe zu pflanzen und zu pflegen, sind wichtige Beiträge, gleichgültig, wo man lebt.

Naturschutzverbände, wie zum Beispiel der NABU und LBV (Adressen Seite 36), haben für den Vogelschutz schon viel geleistet. In den meisten größeren Ortschaften gibt es Vogel- und

Naturschutzgruppen, denen man sich anschließen kann. Auch andere Gruppierungen und Vereine bieten Möglichkeiten, etwas für die Singvögel zu tun, etwa Gartenbauvereine, Naturfreunde und Wandervereine. Schutz und Erhaltung von Lebensraum für unsere Singvögel bedeutet oft auch, dass man dafür Mitmenschen gewinnen und überzeugen muss.

Man darf aber nicht vergessen, dass der schönste Lebensraum (Biotop) seinen naturgegebenen Zweck nicht erfüllen kann, wenn sein Tierleben dauernd durch Menschen gestört wird. Geländefahrten, Modellfliegerei, Grillpartys, Sportausübung und Sportveranstaltungen in freier Natur (etwa Skilanglauf, Mountainbiking abseits der Wege), Badebetrieb, Wassersport und

in ihrer Neugierde rücksichtslose „Naturfreunde" vernichten jedes Jahr unzählige Vogelbruten oder verhindern, dass Vögel ungestört Nahrung suchen können. Für viele Vögel ist es überlebensnotwendig, dass sie im Frühjahr während der Jungenaufzucht ihre Ruhe haben. Eine freiwillige Beschränkung, Aufklärung und gute Beispiele bedeuten und bewirken daher oft das Beste, was wir für Singvögel tun. Wir alle können uns heute in der Natur nicht mehr so austoben, wie wir das gerne wollen. Es ist wichtig, Hinweis- und Verbotsschilder, die von Behörden oder Naturschützern aus guten Gründen aufgestellt worden sind, ernst zu nehmen. In Naturschutzgebieten sollte man sich immer so verhalten, dass die Natur möglichst wenig gestört wird.

4 Starenkasten, durch eine Blechmanschette am Stamm vor Katzen und Mardern geschützt

5 Vogeltränke, gleichzeitig Badestelle für die Vögel

6 Stauden als Nahrungslieferanten im Herbst

7 Komposthaufen als Nahrungsquelle

8 Hecke für Freibrüter

9 Begrünte Hausfassade als Nahrungsrevier und Nistplatz

10 Nadelbäume als Lebensraum für Meisen und Goldhähnchen

Haubenlerche Feldlerche

Mehlschwalbe Rauchschwalbe

Baum-
pieper

Wiesen-
pieper

Schafstelze

Bachstelze

Seiden-
schwanz

Wasseramsel

Zaunkönig

Hecken-
braunelle

Rotkehlchen

Nachtigall

Blaukehlchen

Trauer-
schnäpper

Unsere bekanntesten Singvögel im Überblick

(< = kleiner als; > = größer als; ± = etwa so groß wie;
♂ = Männchen; ♀ = Weibchen; □ = Nummerncode für die CD)

	Name	Größe, Merkmale	Lebensraum (Biotop)	Häufigkeit, Gefährdung
1	Haubenlerche	± Spatz Federhaube	Ödflächen in Städten; Bodenbrüter	gefährdet
2	Heidelerche	< Spatz kurzer Schwanz, singt im Flug	Waldränder, -lichtungen (Kiefern) Bodenbrüter	im Bestand zurückgehend
3	Feldlerche	> Spatz singt im Flug	Felder; Bodenbrüter	im Bestand zurückgehend
4	Uferschwalbe (ohne Abb.)	< Spatz Oberseite braun	Höhlenbrüter, Sandgruben	gefährdet
5	Mehlschwalbe	< Spatz weißer Bürzel kurze Schwanz-gabel	Nest an Häusern	zum Teil zurückgehend
6	Rauchschwalbe	± Spatz tiefe Schwanz-gabel	Nest in Häusern	im Bestand stark zurückgehend
7	Baumpieper	± Spatz singt im Flug	Waldlichtungen, -ränder; Bodenbrüter	häufig, zum Teil zurückgehend
8	Wiesenpieper	< Spatz singt im Flug	feuchte Wiesen; Bodenbrüter	zum Teil zurückgehend
9	Bergpieper (ohne Abb.)	± Spatz	Alpenwiesen; Wintergast an Flüssen und Küste	Brutvogel in Alpen und Mittelgebirgen
10	Schafstelze	± Spatz Unterseite gelb	Wiesen, Äcker; Bodenbrüter	im Bestand zurückgehend
11	Bachstelze	± Spatz schwarz-weiß, langer Schwanz	Kulturland; Nest auch an Häusern	häufig
12	Gebirgsstelze (ohne Abb.)	± Spatz langer Schwanz, Unterseite gelb	Flüsse und Bäche	nicht häufig
13	Seidenschwanz	± Star	Wintergast	brütet nicht in Deutschland, häufig Wintergast
14	Wasseramsel	± Star weißer Kehllatz	Bäche und Flüsse	zum Teil selten, vor allem in Mittelgebirgen verbreitet
15	Zaunkönig	viel < Spatz hochgestelltes Schwänzchen	Wald, Park; Gebüsch	häufig
16	Hecken-braunelle	< Spatz braun und grau	Wald, Park, Garten, Gebüsch	häufig
17	Rotkehlchen	< Spatz ♂ + ♀ rote Kehle	Wald, Park, Garten, Gebüsch	häufig
18	Nachtigall	> Spatz braun, gestelzter Schwanz	Park, Garten; Gebüsch	nur im Tiefland
19	Blaukehlchen	± Spatz ♂ blaue Kehle	Auwald, Ufer	gefährdet
20	Halsband-schnäpper (ohne Abb.)	< Spatz ♂ schwarz-weiß	Park, Wald; Höhlenbrüter	vom Aussterben bedroht
21	Trauer-schnäpper (ohne Abb.)	< Spatz ♂ oft schwarz-weiß	Wald, Park, Garten; Höhlenbrüter	zum Teil selten

Die waagrechten Linien in der Tabelle grenzen jeweils eine Familie zur nächsten ab.

Name	Größe, Merkmale	Lebensraum (Biotop)	Häufigkeit, Gefährdung
22 Grauschnäpper (ohne Abb.)	< Spatz kleine Fangflüge	Wald, Park, Garten; Nischenbrüter	zum Teil abnehmend
23 Hausrotschwanz	± Spatz ♂ oft dunkel	Häuser, Steinbrüche	häufig
24 Gartenrotschwanz	± Spatz ♂ bunt mit weißer Stirn	Wald, Park, Garten; Halbhöhlenbrüter	im Bestand zurückgehend
25 Braunkehlchen	< Spatz oft auf Grashalmen	urwüchsige Wiesen	gefährdet
26 Schwarzkehlchen (ohne Abb.)	< Spatz ♂ mit dunklem Kopf	urwüchsige Wiesen	gefährdet
27 Steinschmätzer	> Spatz weißer Bürzel beim Auffliegen	Kiesgruben, Ödflächen; Nest in Erdhöhlen	im Bestand zurückgehend
28 Misteldrossel	> Amsel Unterseite schwarz gefleckt	Nadelwald, z. T. Parks, Nest hoch im Baum	verbreitet, zum Teil selten
29 Wacholderdrossel	> Amsel oft in Kolonien	Waldrand, Gehölze; viel auf Wiesen	häufig, nur in NW-Deutschland selten
30 Ringdrossel (ohne Abb.)	± Amsel ♂ w. Brustring	Bergwald; Durchzügler	nur im Bergland
31 Amsel	♂ schwarz ♀ braun	Wald, Garten Stadt	sehr häufig
32 Singdrossel	± Amsel braun, Unterseite weiß, schwarze Tupfen	Wald, Park; z. T. Garten	häufig
33 Rotdrossel	< Amsel rötliche Körperseite	Durchzügler, Wintergast	extrem selten
34 Feldschwirl (ohne Abb.)	± Spatz meist nur zu hören, langes Schwirren	feuchte Stellen mit dichtem Gebüsch	verbreitet, aber nicht häufig
35 Sumpfrohrsänger	< Spatz hervorragender Sänger	Brennnessel, Gebüsch	häufig
36 Teichrohrsänger	< Spatz knarrender Gesang	an Schilfhalmen; Nest im Schilf	verbreitet, aber zum Teil zurückgehend
37 Drosselrohrsänger (ohne Abb.)	< Star lauter Gesang (»Kare-kiet«)	hohes Schilf	stark gefährdet
38 Gelbspötter	< Spatz gelbgrünlich; vielseitiger Gesang	Gärten, Praks	zum Teil zurückgehend
39 Dorngrasmücke	< Spatz grauer Kopf	Hecken, Dornbüsche	im Bestand zurückgehend
40 Klappergrasmücke (ohne Abb.)	< Spatz Gesang: »lilililil«	Hecken, Gebüsch	verbreitet, aber zum Teil zurückgehend
41 Gartengrasmücke	< Spatz grau, lauter Gesang	Hecken, Gebüsch in Gärten, Parks	häufig
42 Mönchsgrasmücke	< Spatz ♂ schwarze Kappe	Hecken, Gebüsch	häufig
43 Waldlaubsänger (ohne Abb.)	< Spatz Gesang »sib sib sirr«	Buchenwälder	nicht selten
44 Zilpzalp	viel < Spatz »Zilp-zalp«	Wald, Park, Garten; in Bäumen	häufig

Hausrotschwanz

Gartenrotschwanz

Braunkehlchen

Steinschmätzer

Misteldrossel

Wacholderdrossel

Amsel

Singdrossel

Rotdrossel

Sumpfrohrsänger

Teichrohrsänger

Gelbspötter

Dorngrasmücke

Gartengrasmücke

Mönchsgrasmücke

Zilpzalp

Sommergoldhähnchen

Fitis

Haubenmeise

Sumpfmeise

Blaumeise

Kohlmeise

Gartenbaumläufer

Kleiber

Wald-
baum-
läufer

Pirol

♀ ♂

Neun-
töter

♂ ♀

Eichel-
häher

Elster

Tannenhäher

Dohle

Saatkrähe

Rabenkrähe

Unsere bekanntesten Singvögel im Überblick

(< = kleiner als; > = größer als; ± = etwa so groß wie;
♂ = Männchen; ♀ = Weibchen; □ = Nummerncode für die CD)

Name	Größe, Merkmale	Lebensraum (Biotop)	Häufigkeit, Gefährdung
45 Fitis	viel < Spatz flötender Gesang	Wald, Park, Garten; Bäume, Gebüsch	häufig
46 Wintergold-hähnchen (ohne Abb.)	winzig, gelber Scheitel	Nadelwald	häufig
47 Sommergold-hähnchen	winzig, orange-gelber Scheitel	Nadelwald	häufig
48 Schwanzmeise (ohne Abb.)	< Spatz sehr langer Schwanz	Park, Garten	nicht selten
49 Sumpfmeise	< Spatz grau, schwarzer Oberkopf	Wald, Park; Garten; Höhlenbrüter	verbreitet, meist häufig
50 Weidenmeise (ohne Abb.)	< Spatz sehr ähnlich Sumpfmeise	Wald, Auwald; Höhlenbrüter	häufig
51 Haubenmeise	< Spatz grauer Schopf	Nadelwald; Höhlenbrüter	verbreitet
52 Tannenmeise (ohne Abb.)	< Spatz schwarz-weißer Kopf	Nadel- und Mischwald; Höhlenbrüter	häufig
53 Blaumeise	< Spatz blau an Kopf und Rücken; gelber Bauch	Wald, Park Garten; Höhlenbrüter	häufig
54 Kohlmeise	< Spatz schwarz-weißer Kopf, Bauch gelb	Wald, Park, Garten; Höhlenbrüter	häufig
55 Kleiber	± Spatz Oberseite blau-grau, klettert am Stamm	Wald, Park, Garten; Höhlenbrüter	häufig
56 Gartenbaum-läufer	< Spatz Oberseite braun-weiß; feiner Schnabel	Laubwald, Park, Garten; Spaltenbrüter	häufig
57 Waldbaum-läufer	< Spatz wie vorige Art	Wald, Park; Spaltenbrüter	häufig
58 Pirol	> Amsel ♂ gelb	Laubwald Auwald	zum Teil zurück-gehend
59 Neuntöter	± Star ♂ rotbrauner Rücken, schwarzer Augenstrich	Dornbüsche, Hecken	im Bestand zurückgehend
60 Raubwürger (ohne Abb.)	> Amsel schwarz-weiß	Moore, Heiden	vom Aussterben bedroht
61 Eichelhäher	< Krähe Ruf »rätsch«	Wald, Park	fast überall häufig
62 Elster	< Krähe schwarz-weiß, langer Schwanz	Hecken, Wald-ränder, Parks, Kugelnester	verbreitet und häufig
63 Tannenhäher	< Krähe braun, weiße Tupfen	Bergwälder manchmal Wintergast	in den Alpen ver-breitet, sonst nicht häufig
64 Alpendohle (ohne Abb.)	< Krähe schwarz, gelber Schnabel	Berggipfel	nur in den Alpen

Die waagrechten Linien in der Tabelle grenzen jeweils eine Familie zur nächsten ab.

	Name	Größe, Merkmale	Lebensraum (Biotop)	Häufigkeit, Gefährdung
65	Dohle	< Krähe grauer Kopf, schwarz	Städte, Steinbrüche; Koloniebrüter Wintergast	zum Teil abnehmend
66	Saatkrähe	schwarz Altvögel helles Gesicht	Koloniebrüter in Gehölzen; Wintergast	durch Schutz der Kolonien wieder häufiger
67	Rabenkrähe	schwarz	überall im Kulturland	häufig
68	Nebelkrähe (ohne Abb.)	grau und schwarz	Kulturland	vor allem in Ostdeutschland, Osteuropa
69	Kolkrabe	> Krähe mächtiger Schnabel	große Wälder, Kulturland-schaft	regional häufig, zum Teil zunehmend
70	Star	± Amsel	Kulturland, Höhlenbrüter	häufig, zum Teil zurückgehend
71	Haussperling	♂ schwarze Kehle	Städte, Dörfer	häufig
72	Feldsperling	< Spatz Oberkopf rotbraun	Dörfer, Felder	im Bestand zurückgehend
73	Buchfink	± Spatz ♂ viel rotbraun	Wald, Park, Garten	sehr häufig
74	Bergfink	± Spatz heller als Buchfink	Wintergast	extrem selten
75	Girlitz	< Spatz gelbgrün	Park, Garten	zum Teil häufig
76	Grünfink	± Spatz ♂ gelbgrüne Federn	Park, Garten	häufig
77	Stieglitz	< Spatz schwarz, weiß, rot am Kopf	Feldgehölze, Park, Garten; Distelfelder	häufig
78	Zeisig	< Spatz grünlich	meist nur Wintergast; Wälder	häufig
79	Birkenzeisig	< Spatz rot am Kopf	meist nur Wintergast	seltener Brut-vogel
80	Bluthänfling	< Spatz rot an der Brust	Hecken	vor allem im Tiefland häufig, zum Teil zurück-gehend
81	Fichtenkreuz-schnabel	< Spatz ♂ rot	Nadelwälder	nur in manchen Jahren häufig
82	Gimpel	> Spatz ♂ mit roter Brust, ♀ grau	Wald, Park Garten	häufig
83	Kernbeißer	> Spatz dicker Schnabel	Wald, Park, Streuobstwiesen	verbreitet
84	Goldammer	± Spatz ♂ goldgelb	Felder, Gehölze	häufig, zum Teil zurückgehend
85	Rohrammer (ohne Abb.)	± Spatz ♂ schwarzer Kopf	Schilf, Feuchtwiesen	in Feuchtgebieten häufig, zum Teil zurückgehend
86	Grauammer (ohne Abb.)	> Spatz	Felder im Tiefland	stark gefährdet

Kolkrabe

Herbst

Star

Frühling

Haus-sperling

Feldsperling

Buchfink

♂

♀

Bergfink

♂

♀

Girlitz

♂

♀

Grünfink

♂

Stieglitz

Erlenzeisig

♂

♀

Birken-zeisig

♂

♀

Bluthänfling

♂

Fichten-kreuzschnabel

♀

♂

Gimpel

♂

♀

Kernbeißer

Goldammer

♂

♀

Nisthilfen für Singvögel

Nisthilfen als Beitrag zum Artenschutz

Vögel brauchen Lebensraum, der ausreichend Nahrung bietet und geeignete Stellen, Nester anzulegen. Folgen von Lebensraumzerstörung und -veränderung lassen sich aber manchmal etwas abmildern. So sind etwa in Gärten, Parks und Wäldern alte und morsche Bäume selten geworden. Mit Nistkästen lässt sich die Wohnungsnot der Höhlenbrüter vermindern. Die künstlichen Nisthöhlen werden gerne als Brutplätze angenommen. Weil immer mehr Hecken und Gebüsche verschwinden, müssen wir uns für deren Erhalt einsetzen oder Ersatz schaffen. Nur dann können Bodenbrüter und Freibrüter überleben. Aber auch Vogelarten mit ganz speziellen Problemen können wir gezielt helfen, wir müssen uns nur darüber klar werden, wie.

Letztlich ist es natürlich besser, Lebensräume für Pflanzen und Tiere großflächig zu schützen. Der Vernichtung von Lebensräumen entgegenzutreten ist im Wesentlichen Aufgabe von Bund, Ländern und Gemeinden. Ihnen obliegt es, die Nutzung der Flächen zu regeln und Schutzgebiete auszuweisen. Dennoch: Es gibt viele Möglichkeiten, etwas zu tun.

Bild 9: Der Star bringt Futter für seine hungrigen Jungen.

Bild 10 (unten links): Das Rotkehlchen legt sein Nest am Boden an.

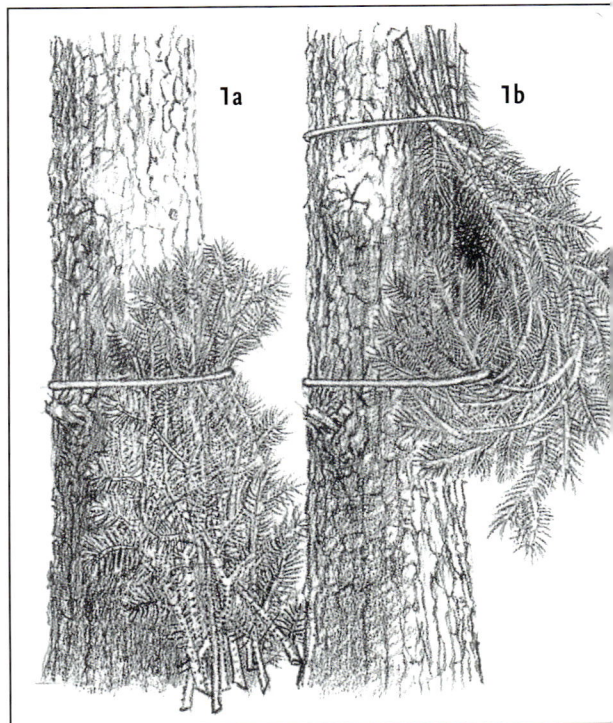

Erst nachdenken, dann aktiv werden!

Zuerst sollte man sich überlegen, wie man sinnvoll (!) helfen kann. Beispielsweise muss man sich die Frage stellen, wie viele Nistkästen aufgehängt werden sollen und welche Abstände dabei einzuhalten sind. – Wie so vieles im Naturschutz, lässt sich diese Frage nicht als Patentrezept am grünen Tisch beantworten. Jede Landschaft und jeder Lebensraum wird von den jeweiligen örtlichen Verhältnissen beeinflusst.

Auf großen Flächen fängt man am besten mit 2 bis 3 Nistkästen je Hektar (100 x 100 Meter) an, die keineswegs gleichmäßig über die Fläche verteilt sein müssen. Sind später alle Nistkästen besetzt, kann man immer noch ein paar dazuhängen. Die einfache Rechnung „mehr Nistkästen = mehr Brutpaare" stimmt allerdings nicht. Die in den Nistkästen heranwachsenden Jungen müssen auch gefüttert werden. Das Nahrungsangebot in der Umgebung der Nistkästen bestimmt mit, wie viele Vogelpaare Junge aufziehen können. Um all dies richtig einschätzen zu können, braucht man Erfahrung. Im Zweifelsfall können erfahrene Vogelschützer immer wertvolle Hinweise geben.

Bei dieser Arbeit wird es sicherlich auch Rückschläge geben. Da werden Nistkästen von Rowdys heruntergeschlagen. Einige halten der Witterung nicht stand. In regenreichen Jahren sind nur wenige Vogelbruten zu beobachten, oder es gehen viele zu Grunde. Vielleicht hat auch einmal ein Buntspecht einen Kasten aufgehämmert und die Jungen herausgeholt. Ein Teil der Nistkästen wird vielleicht von Hummeln, Wespen, Siebenschläfern oder Fledermäusen in Beschlag genommen. Dies ist aber nicht schlimm, im Gegenteil! Auch diese Tiere wollen leben. Das

Gebüsch oder Gehölz, um das man sich schon so lange gekümmert hat, fällt eines Tages der Planierraupe zum Opfer. Die Hecke, die neu angelegt wurde, gedeiht nicht so, wie man es sich vorgestellt hat. Dadurch darf man sich aber nicht entmutigen lassen. Vogelschutz bedeutet zähe Kleinarbeit. Weil aber viele andere mithelfen, hat sie Erfolg und man kann dabei eine Menge lernen und wichtige Erfahrungen sammeln.

Was tun wir für die Freibrüter?

Unter der Bezeichnung „Freibrüter" fasst man alle diejenigen Singvögel zusammen, die ihr Nest zwischen Pflanzen am Boden, in Büschen oder frei auf Bäumen anlegen. Um solchen Vogelarten zu helfen, sollten wir uns dafür einsetzen, dass in der ausgeräumten Kulturlandschaft möglichst viele naturnahe Wegraine, Gebüsche und Baumgruppen stehen bleiben – freundlich, aber mit Nachdruck. So verbleiben den Vögeln viele verschiedene Möglichkeiten, den Platz für das Nest je nach Bedarf und Neigung selbst zu wählen.

Wir können uns aber auch dafür einsetzen, dass neue Hecken und Buschgruppen angelegt werden. Solche „Lebensräume aus zweiter Hand" sind heute von großer Bedeutung, weil sie das Verschwinden von Lebewesen aufhalten oder auch zur Wiederansiedlung bereits verschwundener Arten führen können. Besonders wichtig ist eine reiche Auswahl verschiedener heimischer Pflanzenarten, denn „Vielfalt des Lebensraumes" bedeutet „Vielfalt an Lebewesen". Ob wir uns nun um die Erhaltung noch vorhandener oder die Neuanlage von Brutplätzen für Freibrüter bemühen, wir können noch mehr tun. Beispiels-

Bild 11: Hilfen für Freibrüter

Nisttasche
1a Die Zweige werden an den Stamm gebunden.
1b Die Zweige werden so nach oben gebogen, dass ein Hohlraum für das Nest entsteht, und dort ebenfalls am Stamm festgebunden.

Nistquirl
2a Ein Ast wird an einer Gabel abgeschnitten.
2b Nach und nach wächst ein Quirl.
2c In den Quirl kann ein Vogel sein Nest bauen.
Nisttasche

3 Durch Zusammenbinden von Zweigen entsteht der Hohlraum für ein Nest.

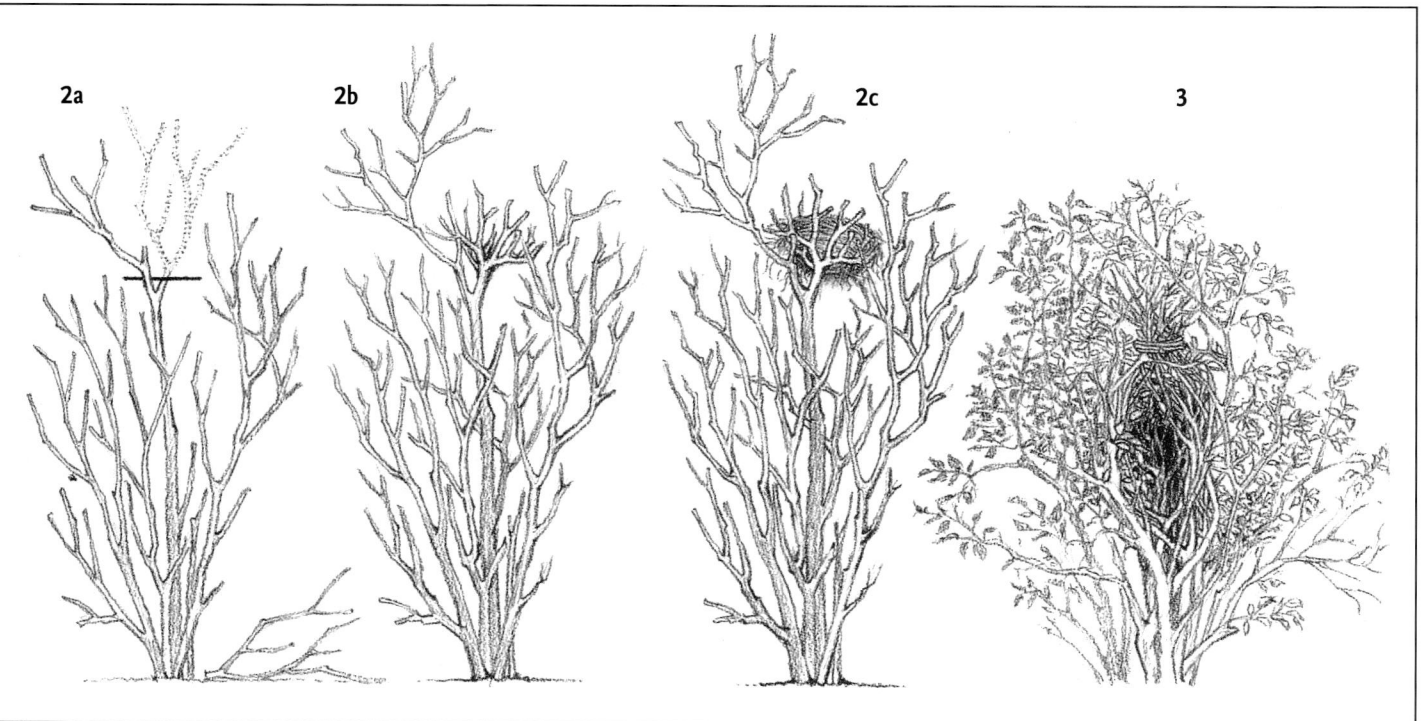

weise kann man nämlich Nisttaschen aus Zweigen an Baumstämme binden. Auch Büsche können „vogelgerecht" zurechtgestutzt und so geschnitten werden, dass Astquirle entstehen, in denen Vögel ihr Nest bauen können. Allerdings geht zu viel Vogelkosmetik am Ziel sicher vorbei; Eingriffe sind nur im Einvernehmen mit dem Nutzungsberechtigten möglich.

Durch Unachtsamkeit haben Bodenbrüter wie Feldlerche, Schafstelze, Baumpieper oder Rotkehlchen besonders zu leiden. Im Mai und Juni ist daher persönliche Rücksicht durchaus erforderlich, wenn man an Hecken, Waldrändern und Bachufern, auf Wiesen und Waldlichtungen herumstreift. Umsicht ist auch bei der Wahl eines Lager-, Picknick- oder Grillplatzes wichtig. Beim Sammeln von Feuerholz können Vogelbruten zerstört werden. Der Hund sollte bei Spaziergängen auf Waldwegen, entlang von Feldrainen und Wiesen an der Leine bleiben, denn selbst folgsame Hunde können eine große Gefahr für bodenbrütende Vogelarten sein. Kurz: Wir selbst können durch unser eigenes Verhalten zum Vogelschutz beitragen, und wir können natürlich auch andere auf die Gefahren aufmerksam machen und um Rücksicht bitten.

Kästen für Höhlen- und Nischenbrüter

Wem kann man mit Nistkästen helfen? Eigentlich nur wenigen Arten, von denen einige sogar nicht einmal bedroht sind. Vor allem Meisen (Kohl-, Blau-, Tannen-, Sumpfmeise), Trauerschnäpper, Kleiber, Feldsperling, Star und – je nach Konstruktion – Garten- und Hausrotschwanz, Garten- und Waldbaumläufer oder

Grauschnäpper und Bachstelze kommen als Bewohner in Frage. Aber auch der in der Roten Liste als „stark gefährdet' eingestufte Wendehals – zwar kein Singvogel, sondern ein Specht – ist in vielen Obstgärten auf Nistkästen dringend angewiesen. Einige Vögel, besonders die Kohlmeise, suchen zudem Nistkästen an Winterabenden regelmäßig zur Übernachtung auf. Die Mühe lohnt sich also, auch wenn sich der gewünschte Erfolg nicht sofort einstellen sollte.

Nistkästen kann man in Geschäften für Zoo- und Gartenbedarf fertig kaufen. Verschiedene Modelle sind im Handel erhältlich. Sehr gut haben sich Höhlen aus sogenanntem Holzbeton bewährt, denen weder Regen noch Schnee etwas anhaben können. Andererseits werden auch immer wieder Nistkästen aus Plastikmaterial angeboten. Vorsicht! Jeder Nistkasten muss „atmen" können und sollte möglichst guten Schutz vor Kälte und vor Hitze bieten. Bei Plastikgeräten kann man da nicht immer sicher sein.

Natürlich entsprechen auch Nistkästen aus

Bild 12: Bauplan für einen Nistkasten:

A Zuschneiden der Bretter

B Zusammensetzen von Boden und Seitenwänden

C Abschrägen der Rückwand

D, E Einsetzen der Vorderwand

F Montieren des Anschlages für die Vorderwand

G Aufsetzen des Daches

H Montieren des Verschlusses für die Vorderwand

I Fertiger Kasten mit anderem Verschluss

K Anbringen der Aufhängevorrichtung

L Das Flugloch sollte etwa nach Südosten zeigen.

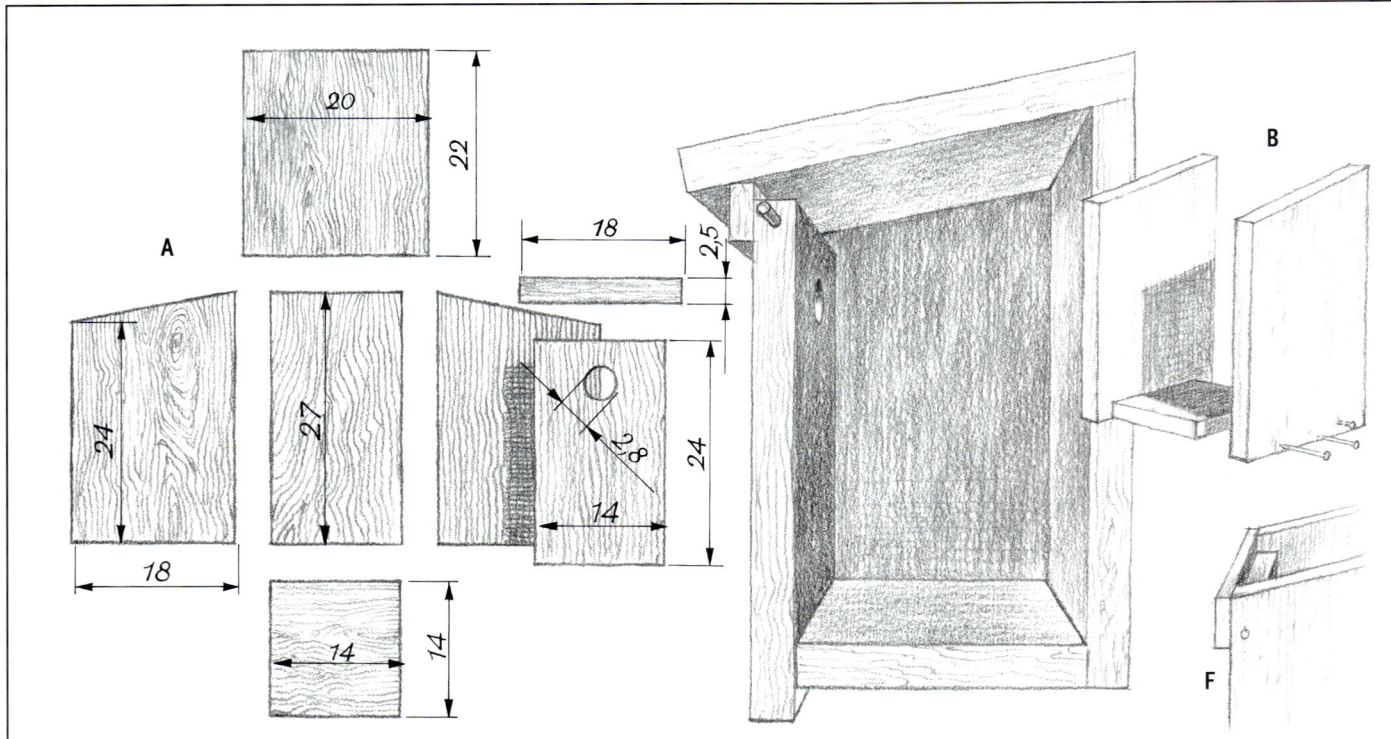

Holz den Anforderungen. Sie haben den großen Vorteil, dass man sie selbst bauen kann und nicht teuer zu kaufen braucht. Natürlich muss man das Holz besorgen, etwas Werkzeug zur Verfügung haben und vor allem damit auch umgehen können. Aber das bedeutet keinen großen Aufwand, und bei geeigneter Behandlung halten die selbstgebauten Nistkästen jahrelang. Als Baumaterial am besten geeignet ist massives Fichtenholz. Man sollte auf jeden Fall darauf achten, dass keine Holzschutzmittel verwendet werden, die giftig sind. Auch die Farbe, mit denen der fertige Kasten wetterfest angestrichen wird, darf keine schädlichen Stoffe enthalten.

Größe und Form der Nistkästen richten sich in erster Linie nach den Ansprüchen ihrer zukünftigen Bewohner. Die Grundfläche darf nicht zu klein sein, damit Nest, Gelege und Junge ausreichend Platz haben. Etwa 12 cm Durchmesser bei runden und 12 x 15 cm Grundfläche bei rechteckigen Kästen sollten nicht unterschritten werden.

Für typische Höhlenbrüter genügen kreisrunde Einfluglöcher. Kohlmeise, Kleiber, Trauerschnäpper und Wendehals bevorzugen etwa 34 mm Durchmesser. Sie brüten auch in Kästen mit größeren Einfluglöchern, doch dann haben auch Nesträuber leichter Zugang. Durch geschickte Wahl der Fluglochgröße kann man schwachen Arten gegenüber stärkeren Konkurrenten helfen. So wählt man für unsere Kleinmeisen, wie Blau- und Tannenmeise, nur 27 mm Durchmesser. Ein ovales Flugloch von etwa 30 mm Breite und 45 mm Höhe weiß der Gartenrotschwanz zu schätzen. Der Star sitzt – und singt – gerne auf einer kleinen Stange vor dem Flugloch, für die anderen Singvögel ist sie nicht nötig.

Etwas Wichtiges wird oft vergessen: Die Nistkästen sollen leicht zu öffnen sein, damit man sie ohne viel Aufwand überwachen und nach der Brutzeit säubern kann. Dies erreicht man am besten, wenn durch eine einfache Konstruktion die gesamte Vorderwand abzunehmen ist.

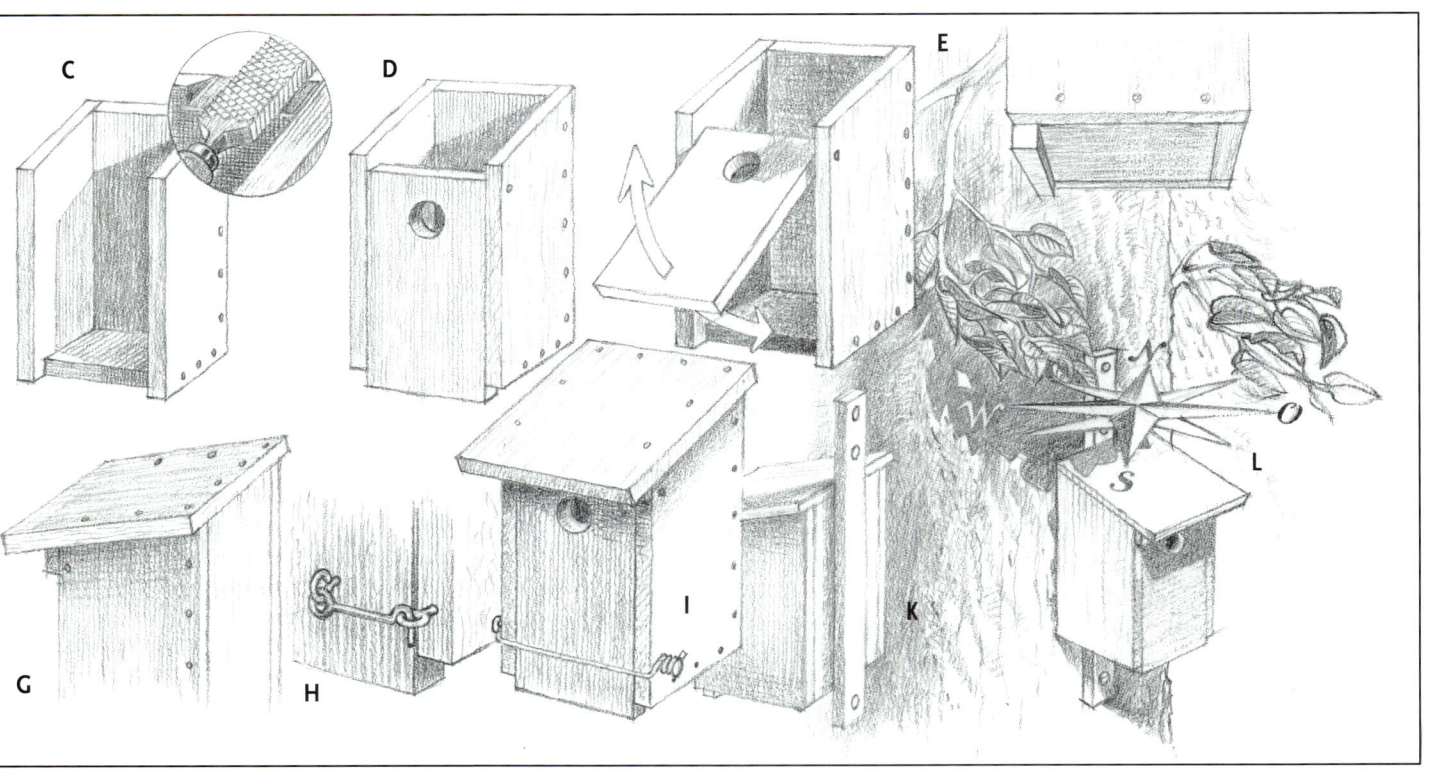

Bild 16: Gartenrotschwanz,
Männchen. Im Garten aufgehängte Nistkästen und Halbhöhlen werden von den Rot-
schwänzen gerne angenom-
men.

Ein anderer wichtiger Punkt ist die Aufhängevorrichtung. Am geschicktesten hängt man den
ganzen Kasten an einen festen Drahtbügel, den
man in einen u-förmigen, an den Stamm genagelten Aufhänger einklinkt. Man braucht dann
für die Kontrollen keine Leiter mitzunehmen,
sondern kann mit einer Stange, deren Ende Haken trägt, den Nistkasten abnehmen und wieder
aufhängen. Der Aufhänger für den Nistkasten
wird mit weichen Aluminiumnägeln im Holz
verankert (Loch besser vorbohren!), damit später
keine verrosteten Metallteile im Holz stecken

bleiben und Ärger bei der Holzverwertung verursachen.

Wo werden Nistkästen aufgehängt? Man kann
sie überall anbringen, wo Bäume stehen. Zwar
kann man Starenkästen an einer hohen Stange
aufstellen, für alle anderen Höhlenbrüter empfiehlt sich das aber nicht. In geschlossenen Gärten und Parkanlagen kann man die Nistkästen so
niedrig aufhängen, dass man sie noch mit ausgestrecktem Arm erreichen kann. Wo Gefahr besteht, dass jemand seine neugierige Nase in die
Nistkästen steckt oder sie gar zerstört, muss man
die Bruthöhlen höher aufhängen. An allgemein
zugänglichen Stellen empfiehlt es sich ohnehin,
die Kästen etwas versteckter anzubringen. Nicht
günstig sind Standorte dicht an viel begangenen
oder befahrenen Wegen oder Straßen.

Sollen Nistkästen auf fremden Grundstücken
aufgehängt werden, muss man vorher unbedingt
den Eigentümer oder Pächter um Erlaubnis fragen. Dasselbe gilt auch in öffentlichen Anlagen
und Friedhöfen, für die Park- oder Friedhofsverwaltungen zuständig sind. Für den Wald sind die
Forstverwaltungen verantwortlich. In unseren
heutigen Wäldern sind meist auch Nistkästen für
Höhlenbrüter zweckmäßig, denn alte Stämme
oder gar Totholz fehlen, und damit sind natürliche Baumhöhlungen zur Mangelware geworden.
Oft sind es dieselben Arten, die auch in Gärten
Nistkästen besiedeln, denen man im Wald mit
Kunsthöhlen hilft. Viele Gartenvögel sind also
ehemalige Waldvögel, die neue Lebensräume gefunden haben.

Nicht alle Wälder sind freilich für alle Höhlenbrüter geeignet. In einförmigen dunklen Fichtenwäldern leben nicht nur wegen fehlender
Höhlen auch weniger Singvögel. Hier ist oft das
Nahrungsangebot knapp oder für manche Arten
schwer erreichbar. Auf Nadelbäumen suchen vor
allem Tannen- und Haubenmeisen Nahrung sowie die winzigen beiden Goldhähnchenarten.
Tannenmeisen nehmen gerne Nistkästen an,
während Haubenmeisen ihre Brutnischen in
morschem Holz selbst anlegen.

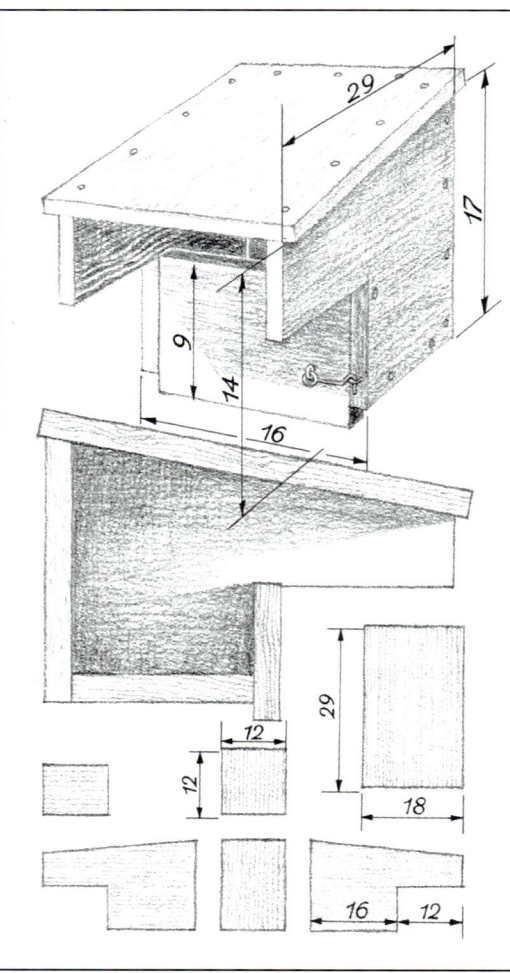

Bild 17: Bauplan für eine Halb-
höhle. Grundsätzlich geht
man so vor, wie es für den
Meisenkasten auf Seite 20 beschrieben wurde. Lediglich
Form und Maße der Halb-
höhle sind unterschiedlich.
Durch das vorgezogene Dach
und die vorgezogenen Seitenwände bietet dieser Nischenbrüterkasten Schutz vor
Nesträubern wie Elster,
Rabenkrähe und Eichelhäher.

Bild 18 (gegenüberliegende
Seite): Den Neuntöter kann
man an Hecken, auf Waldlichtungen und an Waldrändern
beobachten. Bei reichlichem
Nahrungsangebot spießt der
Vogel einen Beutevorrat auf
Dornen auf – daher sein
Name. Wegen seiner Färbung
wird der Neuntöter auch Rot-
rückenwürger genannt.

Nistkästen können und sollen gelegentlich kontrolliert werden. Durch die eine oder andere kurze Nachschau während der Brutzeit kann man sich von Zeit zu Zeit davon überzeugen, ob und von wem der Nistkasten besetzt oder ob nach einem starken Unwetter oder einer Kälteperiode die Brut noch am Leben ist. Solche Kontrollen müssen aber selten bleiben und dürfen sich nur auf kurze Stichproben beschränken. Im Spätsommer oder Frühherbst, also nach dem Ausfliegen der Brut, werden alle Nistkästen nachgesehen und gegebenenfalls gereinigt. Alte Nester sollten entfernt werden, damit im nächsten Jahr wieder ein neues Brutpaar sein Nest in den Kasten bauen kann. Wenn Meisen in Winternächten die Nistkästen als Schlafstelle aufsuchen, bevorzugen sie in der Regel solche, in denen kein altes Nest mehr enthalten ist. Große Reinigungsprozeduren, vielleicht sogar unter Einsatz von Chemikalien, unterbleiben selbstverständlich. Man kann durch Aussprühen oder Auswaschen des Nistkastens mit einer Kochsalzlösung Vogelflöhe und andere Parasiten kurzhalten, die im nächsten Jahr der Vogelbrut das Leben schwer machen würden.

So genannte Nischenbrüter, wie Grauschnäpper, Bachstelze oder die beiden Rotschwanzarten, beziehen auch Kästen, deren Vorderwand nur zu einem Drittel oder zur Hälfte hochgezogen ist. Solche „**Halbhöhlen**" sind leicht im Selbstbau herzustellen. Man kann wieder von dem Bauplan für den Meisenkasten ausgehen. Die Halbhöhle sollte nur nicht ganz so hoch sein wie ein Meisenkasten, und sie muss die halb offene Vorderwand bekommen. Ein anderer Bautyp ist auf dem Plan Seite 22 abgebildet. Er hat den Vorteil, dass die Bewohner nicht nur vor Wind und Regen geschützt sind, er bietet auch einen guten Schutz vor Nesträubern wie Eichelhäher, Elster und Rabenkrähe.

Gelegentlich brüten übrigens auch einmal Amseln oder Türkentauben in Halbhöhlen. Statt sie zu verjagen, kann man beobachten, wie diese Vogelarten ihre Jungen aufziehen.

Nistkästen mit schmalem, schlitzförmigem Eingang an der Hinterkante sind für die **Baumläufer** gedacht. Diese unscheinbar bräunlich gefärbten Vögel können wie die Spechte an Baumstämmen aufwärts klettern. Dabei dient ihnen der feste Schwanz als Stütze. Beide Arten – neben dem Gartenbaumläufer ist bei uns auch der zum Verwechseln ähnliche Waldbaumläufer heimisch – legen ihre Nester hinter abstehenden Rindenstücken, in Baumhöhlen, Holzstößen und an ähnlichen Plätzen an. Deshalb also haben Baumläuferkästen einen seitlichen Einschlupfschlitz und kein Flugloch. Der Schlitz muss zudem dort liegen, wo der Kasten dem Baumstamm anliegt.

Nistkästen für Baumläufer lassen sich leicht selbst bauen. Ausgehend von dem Bauplan für den Meisenkasten, setzt man anstelle der Vorderwand mit Flugloch eine Wand mit schlitzförmigem Eingang an der rechten oder linken Seite ein. Die Vorderwand wird dann beim Aufhängen zur Seitenwand. Das muss beim Anbringen der Aufhängevorrichtung am Kasten berücksichtigt werden.

Wichtig ist nun, sich zu überlegen, wann und wie man die Nistkästen aufhängt. Werden sie schon im Herbst angebracht, wenn die Bäume also noch Laub tragen, kann man gut abschätzen, wie das Licht auf das Einflugloch fällt. Der goldene Mittelweg ist richtig, das heißt: dauernden Schatten, aber auch pralle Sonne vermeiden. Am ungünstigsten ist es, den Kasten an der Westseite (= Wetterseite!) der Bäume aufzuhängen. Osten oder Südosten ist die bessere Richtung, in die der Eingang weisen sollte. Der Nistkasten sollte außerdem zur Fluglochseite hin leicht geneigt hängen, dann können auch heftige Regengüsse Eiern und Jungen nichts anhaben.

Freier Anflug für die Vögel sollte möglich sein. Große Äste in unmittelbarer Nähe erleichtern dagegen nicht nur den Bewohnern des Kastens den Anflug, sie erleichtern auch vierbeinigen Nesträubern den Zugang.

Schutz vor Katzen und Mardern

Der Nistkasten hängt jetzt in einem Baum und man freut sich schon auf den Einzug eines Vogelpaares. Vielleicht konnte der Kasten so angebracht werden, dass man das Flugloch überblicken und das Geschehen gut beobachten kann. Nachdem ein Blaumeisenpärchen den Kasten bezogen hat, bemerken wir unter Umständen, wie die Katze des Nachbarn interessiert um den Baum herumstreicht und dabei immer wieder nach oben schielt. Schließlich klettert die Katze den Stamm hinauf und legt sich in der Nähe des Kastens auf die Lauer.

Katzen sind beliebte Haustiere, aber sie sind Einzelgänger und lassen sich kaum erziehen. Sie schätzen den täglichen Auslauf, streunen gerne durch den Garten, stören manchmal die Vögel und stellen ihnen auch nach. Vor allem in den Städten gibt es sehr viele Katzen. Ihre ständige Anwesenheit führt oft dazu, dass Meisen, Baumläufer, Rotkehlchen und andere störungsempfindliche Vogelarten verschwinden, während Amseln und Haussperlinge Verluste leichter ausgleichen können.

Um die Bewohner des Nistkastens vor den Nachstellungen von Katzen, aber auch von Mardern und Eichhörnchen zu schützen, gibt es mehrere Möglichkeiten. Eine um den Stamm gelegte Manschette aus Blech ist so glatt, dass Katzen und andere vierbeinige Nestfeinde daran abrutschen und nicht mehr weiterklettern können. Ein dichter Schutzgürtel aus dornigen Zweigen

Bild 21: Die Katze lauert dem Star auf, kann aber nicht an den Nistkasten heran.

Bild 22: Verschiedene Formen, Nistkästen vor Katzen und Mardern zu schützen:
Veränderungen am Baum:
1a Blechmanschette
1b Gürtel aus Reisig
1c Manschette aus aufgehängten Flaschen
2 Veränderungen am Kasten selbst:
2a ins Flugloch geklebte Röhre
2b vor das Flugloch genagelte Röhre
2c über das Flugloch gesetztes kleines Dach

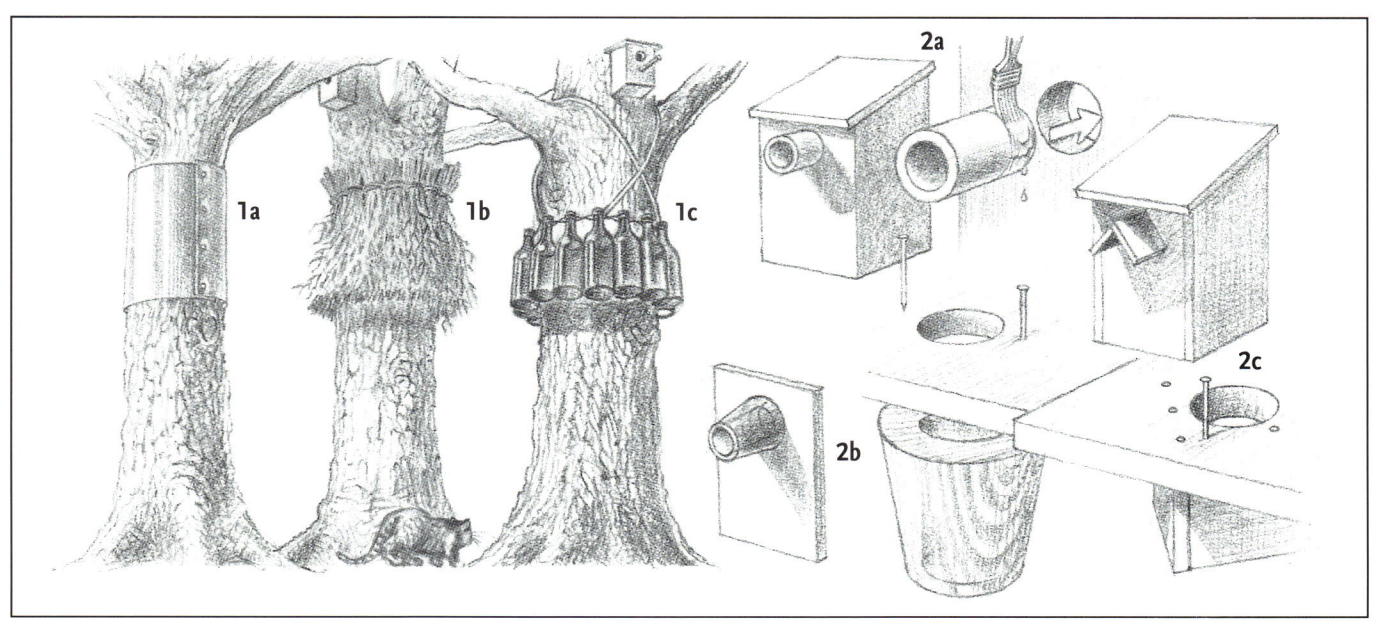

Bild 23: Schwalben kann man die Ansiedlung erleichtern, wenn man ihnen fertige Kunstnester anbietet (A für die Rauchschwalbe, B für die Mehlschwalbe). Eine gute Hilfe für die Schwalben ist auch das Anbringen von Brettern (C) oder Kästen (D), die den Bau der Nester unterstützen.

Wird ein Drahtgeflecht an die Wand genagelt, fällt das Nest nicht so leicht herunter; ein Brettchen verhindert, dass der Kot der Vögel auf den Boden fällt (E).

Wichtig: Nisthilfen für Mehlschwalben werden außen am Haus angebracht, Nisthilfen für Rauchschwalben im Inneren von Ställen oder Schuppen, Hallen und Scheunen. Rauchschwalben benötigen daher ein ständig geöffnetes Fenster, durch das sie ein- und ausfliegen können.

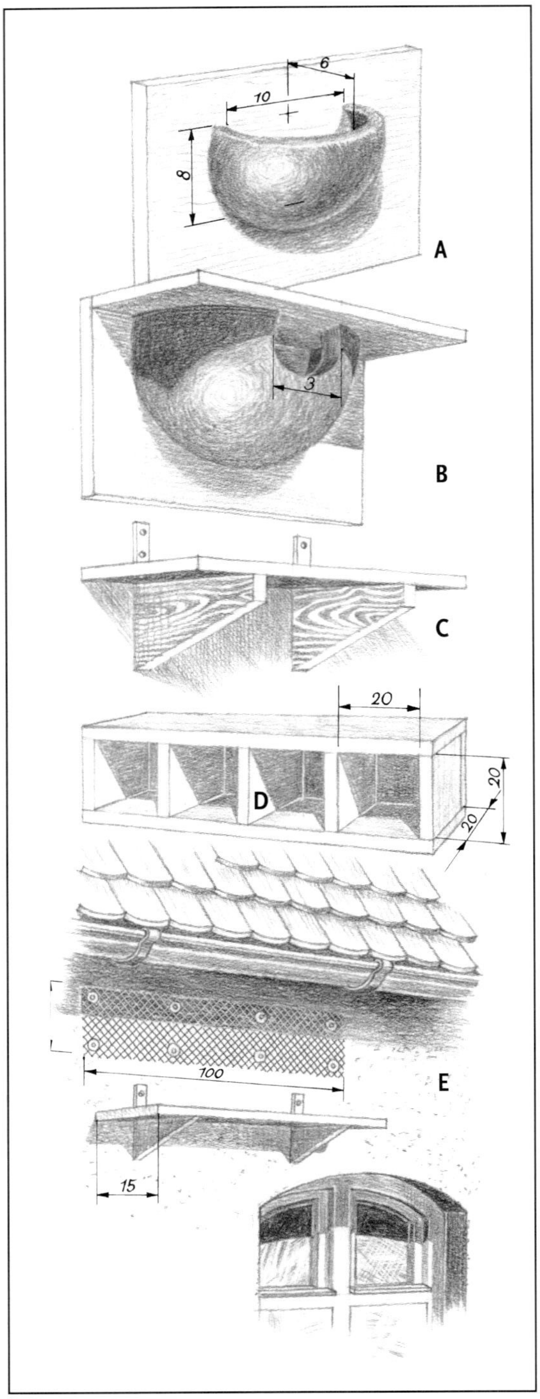

Bild 24: Mehlschwalben suchen an Pfützen das Baumaterial für ihr Nest. Wo natürliche Pfützen fehlen, kann man leicht aktiv werden und eine Schwalbenpfütze anlegen und feucht halten.

mer bewusst machen, dass man die Vögel nicht zu sehr „verwöhnen" sollte. Sie müssen sich in der Natur immer wieder behaupten, sonst haben sie auf die Dauer keine Überlebenschance. Und bevor man auf fremden Grundstücken aktiv wird, sollte man die Absprache mit dem Besitzer nicht vergessen.

Hilfe für Schwalben

Unsere Schwalben sind Langstreckenzieher, die einen großen Teil des Jahres in wärmeren Gegenden verbringen. Auf ihren beschwerlichen Wanderungen vom Brutgebiet ins Winterquartier und zurück können wir ihnen nicht helfen. Auch wenn die Altvögel witterungsbedingt nicht genügend Nahrung finden und die Jungen im Nest verhungern, müssen wir leider tatenlos zusehen. Noch viele weitere Einflüsse machen den Schwalben das Leben schwer: Der Einsatz von Insekten- und Pflanzenvernichtungsmitteln (Insektiziden und Herbiziden), die Asphaltierung großer Flächen der Landschaft und die Verstädterung der Dörfer führen dazu, dass das Insektenleben immer ärmer und einförmiger wird. Eine reichhaltige Insektennahrung aber ist für die Schwalben lebensnotwendig. Abhilfe durch Einzelaktionen ist da kaum zu schaffen.

um den Stamm (oder Ast) herum kann ebenfalls schnell und wirksam Abhilfe schaffen. Anstelle der Zweige kann man auch Flaschen verwenden. Den Nistkasten selbst kann man so bauen oder verändern, dass Katzen zumindest nicht mit der Pfote hineinlangen und die Jungvögel herausholen können. Wenn man das Flugloch überdacht oder eine Röhre vor das Loch setzt, entsteht so viel Abstand, dass die Eier und Jungvögel im Kasten sicher sind.

Der Brut eines Freibrüters kann man möglicherweise auch etwas Hilfestellung geben. Meist sind diese Nester aber im Laub so gut versteckt oder getarnt, dass sie von Katzen oder Mardern oft nicht gefunden werden. Es kommen ähnliche Vorrichtungen in Frage wie im Fall des Nistkastens. Ein Gürtel aus kräftigen, dornigen Zweigen genügt meist schon, um die Räuber abzuhalten. Bei allen diesen Maßnahmen sollte man sich im-

Dafür können wir den Schwalben bei einem weiteren Problem tatkräftig helfen. **Rauch- und Mehlschwalben** mörteln nämlich ihre Nester und brauchen dazu Schlamm und feuchten Lehm als Baumaterial. Einstige offene Dorf- und Feldwege wurden aber in den letzten Jahrzehnten weitgehend mit Asphaltdecken verschlossen, die Hofräume der Gehöfte mit Beton oder Betonplatten den schweren Fahrzeugen angepasst. Der so entstandene Mangel an Pfützen auf Wegen und Bauernhöfen macht nun in vielen Gegenden den dringend nötigen Rohstoff zum Nestbau selten. Man kann diesen Engpass lindern, wenn man regelmäßig Wasser in austrocknende Pfützen nachgießt. Auch künstliche Schlammpfützen lassen sich mit Erfolg anlegen: Auf eine wasserundurchlässige Plane legt man etwas Lehm oder anderes bindiges (= bindefähiges) Bodenmaterial und gießt Wasser darüber, bis eine richtige kleine Mörtelgrube entsteht.

Doch mit derartigen Hilfen für den Nestbau der Schwalben tut man manchen Leuten keinen Gefallen. Ordentliche und auf Sauberkeit bedachte Hausbesitzer scheuen den Schmutz, den vor allem Mehlschwalben, die ihre Nester vorzugsweise an den Außenwänden der Gebäude anlegen, verursachen. Man kann darüber streiten, ob ein paar herunterfallende Kotspritzer nun wirklich so schlimm sind. Fest steht jedoch, dass jedes Jahr viele Mehlschwalbennester vor oder

nach (von gewissenlosen Leuten auch während) der Brut heruntergeschlagen werden.

Bei den Rauchschwalben hat man es meistens einfacher, denn sie brüten hauptsächlich im Inneren von Gebäuden. Man braucht bloß das Fenster zu schließen, um sie von ihrer zukünftigen Kinderstube abzusperren. Doch lässt sich das „Problem" auch schwalbenfreundlich lösen: Kleine, unter alten und neuen Schwalbennestern angebrachte Brettchen verhindern, dass der Kot herunter- und den verärgerten Hausbesitzern vor die Füße fällt. Freundliche Aufklärung und angebotene Hilfe könnten sicher manches Schwalbennest vor putzwütigen Zeitgenossen retten.

Bild 25 (oben): Mehlschwalbe am Nest. An der weißen Kehle, dem weißen Bürzel und dem nur schwach gegabelten Schwanz ist diese Schwalbenart sicher zu erkennen.

Bild 26: Rauchschwalbe sammelt Nistmaterial. Sie hat wie die Mehlschwalbe eine blauschwarze Oberseite. Ihre Kehle ist aber rostbraun gefärbt, der lange Schwanz tief gegabelt.

Bild 27: So sieht eine Uferschwalbenkolonie aus. Wenn Lehm- und Sandwände fehlen, können die Vögel nicht brüten. Eine Maßnahme, der Uferschwalbe zu helfen, besteht daher in der Pflege und Neuanlage von Brutwänden.

Mit waagerechten Brettchen unmittelbar unter alten und neuen Schwalbennestern kann man noch mehr Schaden abwenden. Vor allem Mehlschwalben tun sich schwer, an den heute üblichen glatt verputzten Außenwänden ihre Nester so haltbar anzukitten, dass sie eine ganze Brutzeit über sicher halten und nicht vorzeitig herabbrechen. Die kleinen Brettchen wirken da als willkommene Stütze. Zudem kann man die Haltbarkeit der Mehlschwalbennester erhöhen, wenn man an der Hausmauer oberhalb der Kotbrettchen etwas Maschendraht anbringt. Es gibt dem Baustoff besseren Halt.

Auch künstliche Schwalbennester aus Holzbeton werden im Handel angeboten: nach oben geschlossene mit halbkreisförmigem Einflug für die Mehlschwalbe und offene Näpfe für die Rauchschwalbe. Man kann sie auch selbst aus Papiermachee herstellen. Allerdings ist es mit den künstlichen Schwalbennestern nicht ganz so einfach wie mit den Nistkästen. Es hat zum Beispiel keinen Sinn, Nestschalen dort anzubringen, wo noch keine Schwalben gebrütet haben. Gerade bei Mehlschwalben, die gern in Kolonien nisten, empfiehlt es sich, künstliche Schwalbennester unmittelbar neben natürlichen anzubringen, um so die ersten Paare eines Ortes mit der neuen Möglichkeit bekannt zu machen. In manchen Dörfern hat man mit Kunstnestern schon gute Erfolge erzielt, in anderen blieb die erhoffte Schwalbenansiedlung jedoch aus.

Die **Uferschwalbe** ist ein Sonderfall. Die Vögel graben sich ihre Nester in steile Sand- und Lehmwände. Aber natürliche Flussufer mit Prallhängen sind verschwunden, Sand- und Kiesgruben an die Stelle der natürlichen Brutplätze getreten.

Einen wirksamen Beitrag zum Schutz der gefährdeten Uferschwalbe kann man leisten, wenn man dafür eintritt, dass dort, wo sich eine Kolonie angesiedelt hat, zumindest während der kurzen Brutzeit Störungen, so gut es geht, unterbleiben. Es gibt auch viele Kies- und Sandgrubenbesitzer, die sich überreden lassen, ihren Abbau so zu planen, dass die von Uferschwalben besetzten Steilwände während der Brutzeit nicht angetastet werden. Manchmal sorgt auch ein übertriebener oder unbedachter Naturschutz dafür, dass kahle Sand- und Lehmwände wieder „rekultiviert" und begrünt werden. Bei einer örtlichen Vogelschutzgruppe vor Ort findet man sicher reichlich Unterstützung, um solche wertvollen Brutplätze zu erhalten.

Eine wichtige Vorbedingung für den Schutz der Uferschwalbe ist allerdings, dass man sich in der weiteren Umgebung erst einmal davon überzeugt, ob und gegebenenfalls wo Uferschwalbenkolonien vorhanden sind. Solche Kontrollen sollten regelmäßig wiederholt werden; manchmal muss man nämlich feststellen, dass nach einiger Zeit auch eine geschützte Steilwand mit lockerem Bodenmaterial nachgibt, vom Regen abgeschwemmt wird und sich langsam begrünt. Solche allmählich verwitternden Wände zwingen die Uferschwalben zum Abwandern. Es ist dann sinnvoll, in das lockere Material neue Steilwände abzugraben. Vielleicht gelingt es sogar, einmal eine Planierraupe einer Firma für diese Arbeit zur Verfügung gestellt zu bekommen. Schutzmaßnahmen für die Uferschwalbe, die Eingriffen im Gelände gleichkommen, müssen aber auf alle Fälle vorher mit den zuständigen Behörden abgesprochen werden.

Aktion Wasseramsel

Schon im Winter kann man damit anfangen: Die behutsame Kontrolle von Bach- und Flussläufen bringt vielleicht an den Tag, dass da und dort am Ufer oder auf einem Stein im Wasser dieser merkwürdigste unserer einheimischen Singvögel zu beobachten ist. Schon mitten im Winter trägt das Männchen seinen schwätzenden Gesang vor, der allerdings manchmal im Rauschen des Wassers untergeht.

Wasseramseln bauen ein dickwandiges, kugelförmiges Nest aus Moos, Blättern, Gras und anderen Pflanzenteilen, das mit Federn ausgelegt wird, ganz ähnlich wie der Zaunkönig (mit dem die Wasseramsel entfernt verwandt ist), doch viel größer. An geeignetem Nistmaterial fehlt es dem Vogel nicht. Sein Problem ist aber: Wohin mit dem Nest? Naturnahe Ufer mit unterspülter Böschung, ausgewaschenen Steinen und Baumwurzeln und andere geschützte Niststellen mussten vielerorts längst kahlen, künstlich abgeschrägten Uferböschungen, oft noch mit Steinverbauung oder gar Betonplatten bepflastert, weichen. Ein vorläufiger Ausweg für viele Wasseramseln ergab sich durch die Brückenkonstruktionen mit T-Trägern und Balken. Aber auch diese Bauwerke gehören ja längst der Vergangenheit an. Moderne, glatt verputzte Brücken bieten keine sicheren Nestunterlagen mehr.

Einfache Nistkästen, aus wenigen Brettchen zusammengebastelt, können hier Abhilfe schaffen. Vorne offene Kästen mit einer Öffnung von etwa 18 x 18 cm genügen. Man bringt solche Nistkästen am besten an gedeckten Ufervorsprüngen, unter Brücken oder auch in Winkeln an Steinmauern an. Der Nistkasten sollte nicht zu hoch über dem Wasser liegen, aber dennoch hochwassersicher sein. Wasseramseln beginnen sehr früh im Jahr mit ihrer Brut, gelegentlich schon im Februar und Anfang März. Die üblichen Frühjahrshochwässer müssen also einkalkuliert werden. Überall dort, wo Wasseramseln zu beobachten sind und Uferwege und Straßen nicht allzu nah ans Wasser heranführen, lohnt es sich, eine Nisthilfe anzubringen. Im Herbst sollte man dann die alten Nester entfernen, um den Vögeln im kommenden Jahr eine erneute Brut zu ermöglichen. Besonders zweckmäßig sind Nistkästen, die, mit einer Vorkammer versehen, vor Nesträubern schützen (Einflug von unten). Der Handel bietet sie fertig aus Holzbeton an. Unter Brücken hängen sie am sichersten. Nisthilfen für die Wasseramsel kommen auch den Gebirgsstelzen zugute, die oft an denselben Bächen und Flüssen leben.

Bild 28 (oben): Die Wasseramsel lebt an klaren Bächen und kleinen Flüssen. Sie ist der einzige Singvogel, der tauchen kann und unter Wasser auf Nahrungssuche geht.

Bild 29: Wasseramseln fehlt es oft an geeigneten Brutmöglichkeiten. Hier sind zwei verschiedene Kästen abgebildet. Unter Brücken aufgehängt, können sie den Vögeln helfen, auch bei nicht optimalem Nistplatzangebot zu brüten.

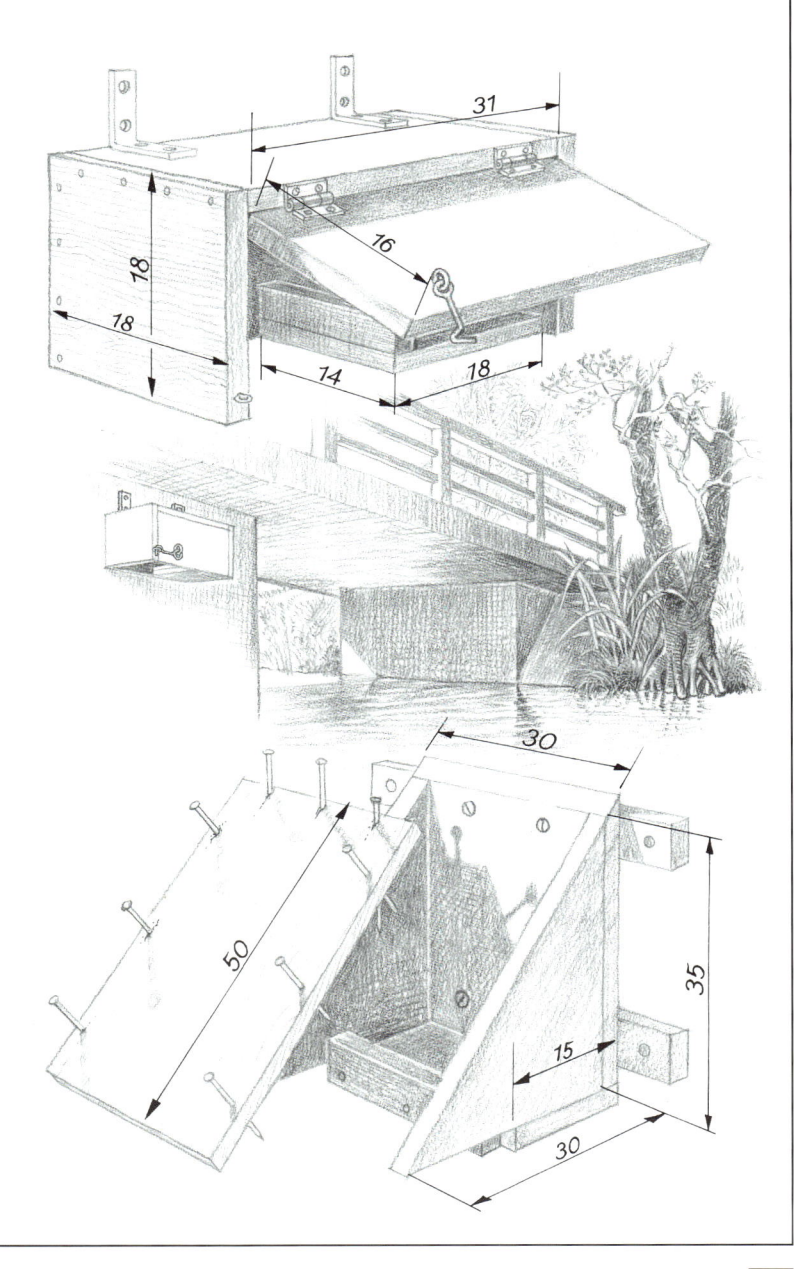

Winterfütterung

Hilfe für die „Not leidenden" Vögel im Winter ist für viele Menschen seit Jahrzehnten eine unverzichtbare und leider oft auch die einzige Aktivität für den Vogelschutz. Neuerdings kommt harte Kritik am Vogelfüttern auf. Was ist davon zu halten? Biologen und einsichtige Vogelschützer warnen schon seit Jahren vor übertriebenem Vogelfüttern und führen dafür gute Gründe an: Von der Winterfütterung profitieren nur wenige und ohnehin häufige Vogelarten. Warum also Geld und Mühe aufwenden, die man lieber wichtigeren Aufgaben des Vogelschutzes vorbehalten sollte?

▶ Die Winterfütterung dürfte kaum einen Erfolg für die betroffenen Vogelarten haben. Überleben den Winter zu viele Vögel, müssen im kommenden Frühjahr auch mehr sterben oder sich mit schlechten Brutmöglichkeiten zufrieden geben, so dass sie weniger Nachwuchs aufziehen.

▶ Den Zugvögeln hilft niemand. Sie könnten gegenüber Standvögeln ins Hintertreffen geraten, wenn sie aus ihren Winterquartieren zurückkommen.

▶ Übertriebene und falsche Winterfütterung kann auch Schaden anrichten. Viele Futterstellen werden im Spätwinter zu Infektionsherden, an denen durch eine Infektionskrankheit, die Salmonellose, zahlreiche Singvögel zugrunde gehen.

Vieles spricht aber auch für die Fütterung der Singvögel, vor allem wenn sie sachgerecht und biologisch sinnvoll betrieben wird. Vögel, die an die Futterstelle kommen, kann man auf geringe Entfernung sehr gut beobachten und kennen lernen. Kinder erleben am Futterhäuschen oft zum ersten Mal bewusst wildlebende Tiere. Sie machen schon früh Erfahrungen im Vogelschutz und werden später vielleicht im Rahmen größerer Aufgaben des Natur- und Umweltschutzes aktiv. Für viele – vor allem ältere und manchmal einsame – Menschen ist das muntere Treiben am Futterplatz eine Quelle der Freude und Erholung, die man ihnen auf keinen Fall nehmen sollte. Und schließlich: In besonders harten Wintern, wenn Nahrungsengpässe entstehen, kann man durch Fütterung sicher einigen Vögeln das Leben retten.

Als wichtigste Regel für das Vogelfüttern gilt also: Nicht übertreiben und keine Ideologie daraus machen! Am besten nur bei Dauerfrost und geschlossener Schneedecke füttern, also nicht schon im Herbst damit anfangen. Auch im Vorfrühling wird die Futterstelle nur bei kaltem Wetter gefüllt. Kaum sinnvoll ist es, Meisen und Finken noch im Sommer zu füttern. Die Altvögel verfüttern dann nämlich die leicht erreichbaren Kerne an ihre Jungvögel, die aber zum Heranwachsen tierische Nahrung brauchen. Vogelfutter taugt daher nicht zur Fütterung von Jungvögeln, auch nicht bei Körnerfressern.

Bild 30: Zwei Blaumeisen klettern an einem Bündel Meisenknödel.

Bild 31: Am Futterhaus lassen sich viele Vogelarten beobachten: Auf dem Dach sitzt eine Kohlmeise. Im Haus sucht ein Kernbeißer mit seinem auffällig dicken Schnabel nach Nahrung. Am Boden picken Buchfink, Kohlmeise und Feldspatz.

Sitzen vor allem im Spätwinter matte Vögel mit gesträubtem Gefieder in der Nähe der Futterstelle herum, oder liegt dort gar ein toter Vogel, dann sollte man mit dem Füttern sofort aufhören. Es besteht nämlich der Verdacht, dass die Futterstelle mit Salmonellose-Erregern (Bakterien) verseucht ist. In einem solchen Fall muss man das restliche Futter beseitigen, entweder mit dem Füttern ganz aufhören oder das Futterhäuschen mit kochend heißem Wasser reinigen. Vorsicht ist jedoch geboten, denn manche Typen der Salmonellose sind auch für den Menschen ansteckend. Also Hände waschen! Für die Anlage von Futterstellen gilt grundsätzlich: Lieber mehrere kleinere Futterstellen als eine große. Die Ansteckungsgefahr mit Salmonellose wird dadurch geringer. Ausgelegtes Futter sollte möglichst nicht

nass werden. Daher ist es nicht zweckmäßig, Futter einfach auf den Boden zu streuen. Man legt eine Futterstelle entweder am Fensterbrett an oder hängt Futtergeräte an einen Baum. Durch geschicktes freies Aufhängen in ausreichender Höhe kann man auch vermeiden, dass Katzen und Hunde die Vögel stören oder zu fangen versuchen.

Hat man eine Futterstelle, an der ein Sperber gelegentlich vorbeischießt, um einen Singvogel zu greifen, dann sollte man sich freuen: Der jahrzehntelang verfolgte und bedrohte kleine Greifvogel bedarf unseres Schutzes mehr als viele der Singvögel, von denen er lebt.

Möglichkeiten, Singvögel im Winter zu füttern, gibt es viele. Durch sinnreiche Konstruktionen lässt sich auch erreichen, dass bestimmte

Arten bevorzugt aus der Futterstelle Nutzen ziehen:

- Tauben (Straßentauben oder Türkentauben) nehmen oft die für Singvögel gedachte Futterstelle für sich in Beschlag. Man kann sie durch einen Maschendraht abhalten, mit dem man das Futterbrett oder das Futterhäuschen umhüllt. Die kleinen Singvögel gelangen durch die Maschen ohne Schwierigkeiten zum Futter, die viel größeren Tauben nicht.
- Vor allem für die Meisen empfehlen sich locker aufgehängte Futtergeräte. Im Handel erhält man Meisenknödel in einem Säckchen oder Meisenringe. Man kann ein geeignetes Futtergemisch aber auch selbst herstellen und in einfache Futtergeräte eingießen.
- In den Boden gesteckte Zweige und Äste erleichtern für viele Kleinvögel den Anflug an die Futterstelle. Futterstellen in der Nähe dichter Büsche oder unter Bäumen bieten zusätzlichen Schutz vor Witterung und Feinden.
- Buchfinken, Goldammern und einigen anderen Arten, die ihre Nahrung gern am Boden suchen, kann man zum Beispiel mit einer seitlich umgekippten Kiste eine wettergeschützte Futterstelle einrichten.

Vernünftige Winterfütterung soll Kleinvögel durch Kälteperioden hindurchbringen, sie aber nicht mästen und verwöhnen. Einfache Futterrezepte erfüllen diesen Zweck am besten. Erstklassige Walnuss-, Pignolien- und Erdnusskerne oder andere hochwertige menschliche Nahrung sind reine Verschwendung. Gesalzenes Futter oder Essensreste haben an einer Futterstelle nichts verloren, ebensowenig Brotkrümel.

Das billigste und am vielseitigsten verwendbare Winterfutter bildet ein Gemisch aus Weizenkleie und Rindertalg mit einem Schuss Salatöl, das dafür sorgt, dass auch bei großer Kälte der Rindertalg nicht hart und brüchig wird. Der Rindertalg wird klein geschnitten und erhitzt. Wenn das Fett geschmolzen ist, mischt man Weizenkleie dazu in einem Mischungsverhältnis von etwa 1–2 Gewichtsteilen Rindertalg auf einen Teil Weizenkleie. Daraus entsteht eine lockere, bröselige Masse, die auch von den Weichfressern wie Amsel, Sing- und Wacholderdrossel, Rotkehlchen oder Heckenbraunelle angenommen wird. Nimmt man 5–6 Teile Rindertalg auf einen Teil Weizenkleie, dann entsteht eine Futtermasse, die man gießen kann. Für Schwanzmeisen, Baumläufer oder Buntspecht streicht man sie an die rissige Borke alter Bäume. Für Meisen und Kleiber lässt sich das Gemisch mit Sonnenblumenkernen und Hanf anreichern. In Blumentöpfe oder Futterhölzer gegossen und aufgehängt, kann es die handelsüblichen Meisenringe und Knödel gut ersetzen.

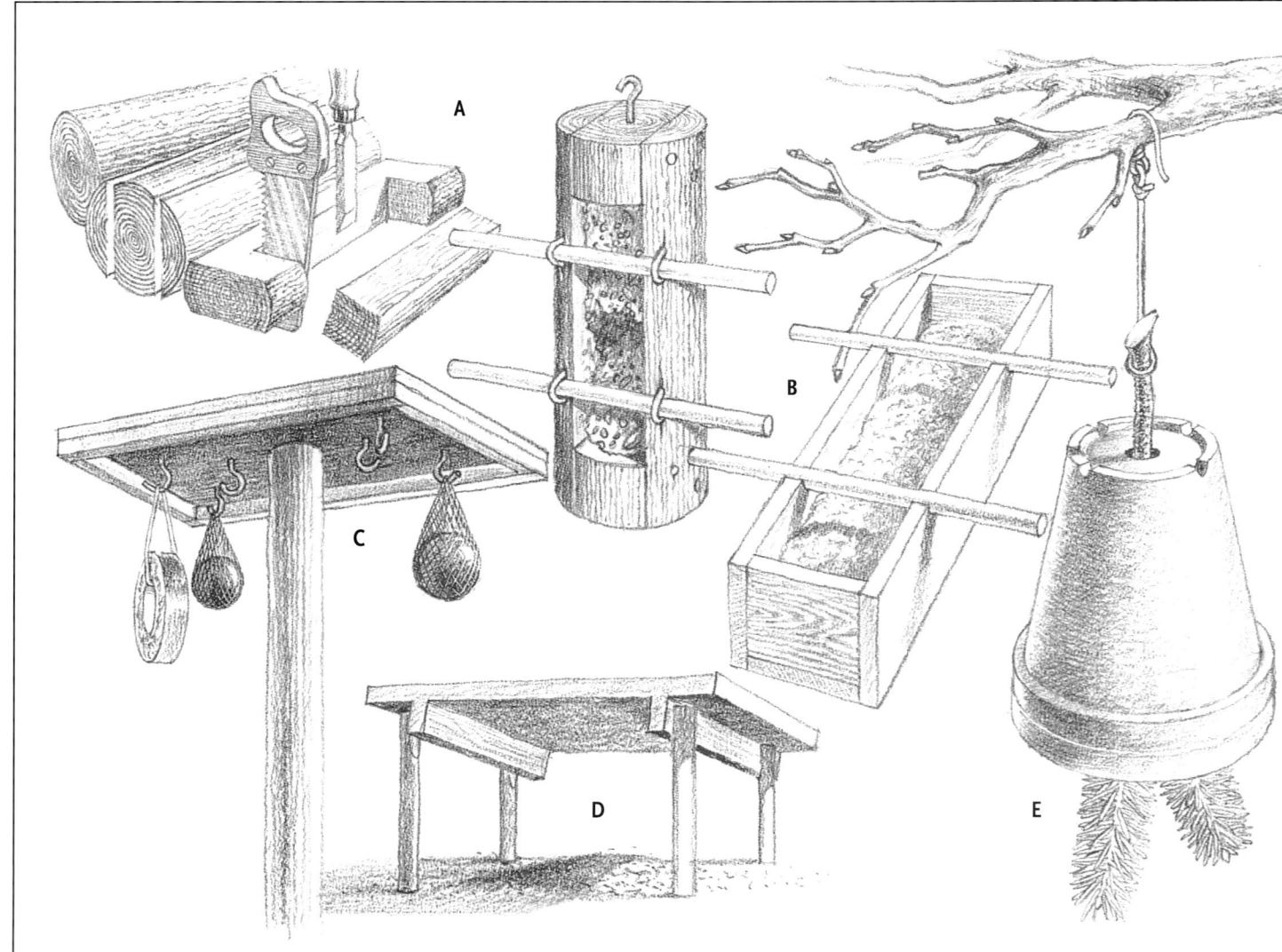

Ein ganz patentes und einfaches Rezept ist, ein Stück unbehandelten Rindertalg an einen Baumstamm zu binden. Meisen, Kleiber, Baumläufer und Spechte ernähren sich davon.

Der Handel bietet einfache Waldvogel- und Weichfressermischungen, die man ohne Bedenken verwenden kann. Reine Sonnenblumenkerne bewältigen nur kräftige Arten, wie Grünfink und Kohlmeise. Von Weichfressern werden auch Haferflocken gern genommen.

Oft überrascht der Nachwinter früh zurückgekehrte Kurzstreckenzieher wie Star, Singdrossel, Feldlerche und Bachstelze. Solche Weichfresser kann man kaum füttern. Aber man erleichtert ihnen die Nahrungssuche, wenn ein Stück Boden schneefrei gehalten und bei nicht zu tiefen Temperaturen mit warmem Wasser aufgetaut wird.

Die Winterfütterung von Vögeln mit Meisenring und Futterhäuschen sollte ergänzt werden durch eine „Winterfütterung auf Umwegen". Damit ist gemeint, dass man sich um natürliche Futterquellen bemühen sollte. Wenn beispielsweise im Garten die trockenen Fruchtstände von Stauden im Herbst nicht abgeschnitten werden, können Vögel daran bis in das Frühjahr hinein Samen finden (Beispiele: Sonnenblume, Mädesüß, Disteln). Dasselbe gilt für Sträucher und Bäume. Auch hier gibt es Arten, die verschiedene Vögel lange Zeit mit natürlicher Nahrung versorgen können. Sträucher wie Wildrose, Schlehdorn, Weißdorn, Holunder, Schneeball oder Pfaffenhütchen bilden im Spätsommer und Herbst Früchte aus, die von Vögeln gerne gefressen werden. Unter den Bäumen werden etwa Eberesche, Birke, Hainbuche, Ahorn und Schwarzerle von den Vögeln so lange besucht, bis dort keine Früchte mehr zu finden sind.

Man kann also auch im eigenen Garten aktiv werden und auch die Nachbarn auf diese Vogelschutzmaßnahme hinweisen. Draußen können sogar regelrechte Futtergehölze für Vögel angelegt werden, was man aber mit dem jeweiligen Grundstückseigentümer oder Pächter absprechen muss. In den neu angelegten Busch- und Baumgruppen finden die Vögel dann nicht nur Nahrung, sondern auch Brutplätze. Viele andere Tiere finden neuen Lebensraum, frühere Verluste werden ein wenig ausgeglichen. Man hilft der Natur also auf mehrfache Weise.

Überhaupt sollte man bei allen Aktivitäten ein wenig über den Vogelschutz hinausdenken. Denn nicht nur die Vögel sind in unserer so stark genutzten Landschaft im Bestand bedroht, auf den Roten Listen stehen auch zahlreiche andere Tierarten – Schnecken ebenso wie Insekten, Lurche und Kriechtiere. Sie alle brauchen Lebensraum, sollen sie zukünftige Generationen noch beobachten können.

Bild 32: Für die Winterfütterung können vielerlei Geräte Verwendung finden, die mit unterschiedlichem Aufwand an Material und Können gebaut werden.

A Futterholz, mit Futtermasse aus Rindertalg und Sämereien gefüllt

B Futterkasten, mit Futtermasse aus Rindertalg und Sämereien gefüllt

C Meisenring und Meisenknödel

D überdachte Futterstelle am Boden

E Futterglocke, mit Futtermasse aus Rindertalg und Sämereien gefüllt

F Futterhaus mit eingesetztem Futterautomat, das Futter fällt von selbst nach

G Futterautomat

H Futterautomat, das Futter fällt von selbst nach (beachte auch die Schnittzeichnung)

I Futterhaus

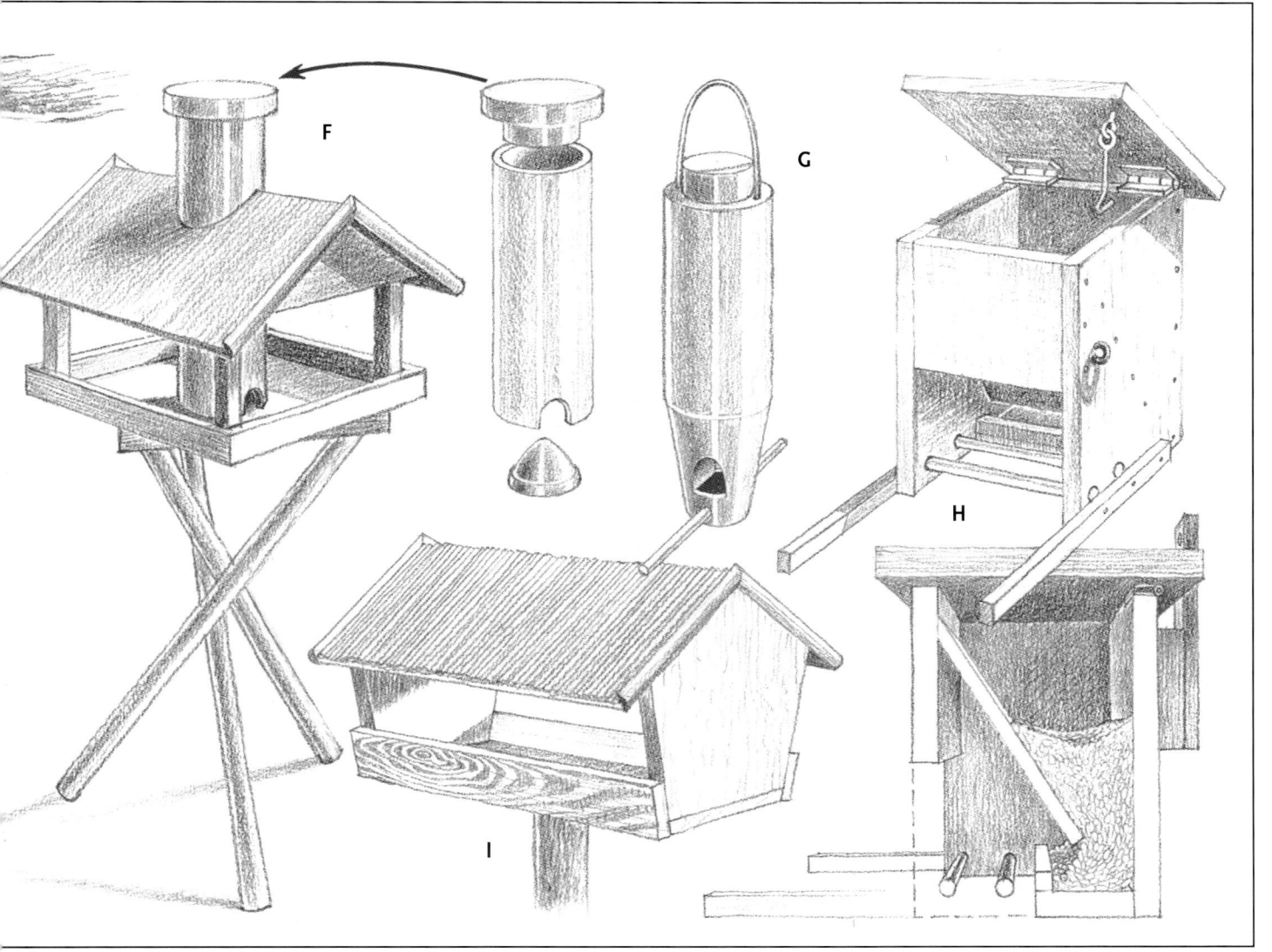

„Verlassene", kranke und hilflose Vögel

Manchmal ist es besser, weniger zu tun als zuviel. Bevor man z. B. einen offensichtlich flugunfähigen oder behinderten Vogel mit nach Hause nimmt, sollte man sorgfältig prüfen, ob das wirklich notwendig ist.

Im Frühsommer trifft man viele Jungvögel, deren Flügel- und Schwanzfedern noch nicht voll ausgewachsen sind und die oft durchdringend und scheinbar hilflos piepsen. Solche Jungvögel sind aber nicht etwa aus dem Nest gefallen, wie man zunächst meinen könnte. Viele junge Singvögel verlassen nämlich ihr Nest, bevor sie voll flugfähig sind. Sie werden von ihren Eltern weiter gefüttert. Man sollte also den scheinbar einsamen und verlassenen Jungvogel dort sitzen lassen, wo man ihn gefunden hat. Meist sitzen die Geschwister irgendwo in der Nähe, und die warnenden Altvögel sind nicht weit, auch wenn man sie nicht gleich entdecken kann. Sitzt ein kleiner Kerl jedoch mitten auf der Straße, kann man ihn ohne weiteres an eine weniger gefährdete Stelle in der Nähe setzen. Jungvögel darf man vorsichtig anfassen; sie werden auch danach von ihren Eltern weiter betreut.

Am häufigsten geraten junge Amseln, Singdrosseln, Kohlmeisen oder Grünfinken aus Mitleid in Menschenhand. Wurde aus Unwissenheit oder trotz guter Ratschläge ein Jungvogel mit nach Hause genommen, ist es zunächst einmal wichtig, die Art festzustellen. Amseln brauchen zum Beispiel vor allem Regenwürmer, kleinere Singvögel Insekten als Futter; junge Grünfinken erhalten dagegen aufgeweichte unreife Sämereien aus dem Kropf der Altvögel. Ein gutes Ersatzfutter für die meisten Arten ist Magerquark, dem man fein gehacktes, hart gekochtes Ei zusetzt. Doch die Probleme beginnen erst: Wer ist schon in der Lage, von Sonnenauf- bis Sonnenuntergang jede halbe Stunde einen Pflegling zu füttern? Futterpausen von über einer Stunde können tödlich sein!

Sperren die Jungvögel ihren Schnabel auf, kann man ihnen mit einer vorne abgerundeten Pinzette kleine Futterportionen tief in den Rachen stecken. Öffnet ein Jungvogel vor Schreck oder auch aus Schwäche den Schnabel nicht, muss man ihn vorsichtig öffnen. Das Füttern ist also eine schwierige Angelegenheit, die Geduld und Ausdauer erfordert.

Viele aus Mitleid nach Hause genommene Jungvögel verenden daher kläglich in der Obhut unerfahrener menschlicher Pflegeeltern. Aber auch wenn ein Jungvogel bis zur vollen Flugfähigkeit durchkommt, hat er meist nur geringe Chancen, nach dem Freilassen zu überleben. Man hilft also den Singvögeln nicht, wenn man sie nach Hause schleppt. Möglichst viele Menschen sollten zu Beginn der Brutzeit über die meist falsch gedeutete Situation eben aus dem Nest geflatterter Jungvögel aufgeklärt werden. Einen kleinen Hinweis zur rechten Zeit wird die Lokalpresse sicher gern veröffentlichen.

Was tun, wenn man einen verletzten, kranken oder gar toten Vogel findet? Verletzten Vögeln kann meist nur ein Tierarzt helfen, selbst wird man kaum Erfolg haben. Gerade die kleinen Singvögel sind nur schwer zu kurieren. Woran der gefundene Vogel erkrankt ist, kann auch nur der Tierarzt herausfinden. Bei Funden von kranken oder toten Vögeln sollte man darauf achten, ob nur ein einzelner Vogel betroffen ist oder mehrere. Wenn mehrere Vögel krank oder tot aufgefunden werden, besteht die Gefahr, dass unter ihnen eine Infektion ausgebrochen ist. Die Vögel können aber auch Giftstoffe aufgenommen haben. Jetzt sollte man auch den örtlichen Natur- oder Vogelschutzverein oder die Untere Naturschutzbehörde verständigen oder um andere sachverständige Hilfe bitten. Wenn die Ursache schnell erkannt wird, lässt sich vielleicht größeres Unheil verhindern.

Besonders interessant sind Funde von Vögeln, die beringt sind. Die Ringe sind den Vögeln angelegt worden, um etwa ihre Wanderwege und ihrer Lebensweise zu erforschen. Wenn man einen solchen Fund macht, sollte man Einzelheiten wie Datum, Uhrzeit, Fundort usw. notieren. Auf dem Ring stehen eine Nummer und eine Adresse, wohin der Fund mit den Notizen gemeldet werden sollte. Damit leistet man den Vogelkundlern einen großen Dienst und man bekommt Nachricht, wann und wo der Vogel beringt worden ist.

Hinweis: Stets ist eine gewisse Vorsicht geboten, Tiere anzufassen. Zu leicht können Krankheitserreger übertragen werden. Daher sollte man zumindest immer die Hände waschen, wenn man mit einem kranken oder toten Tier in Berührung gekommen ist!

Bild 33: Junger Hausspatz. Meist sind verlassene Jungvögel nicht wirklich verwaist. Am besten lässt man sie in Ruhe, denn die Vogeleltern sind meist nicht weit entfernt.

Kommen und Gehen: Veränderungen in der Vogelwelt

Vor allem in Dorf, Stadt, Park und Garten ist das heutige Bild des Vorkommens und der Verbreitung der Vögel noch nicht alt, sondern hat sich erst in den letzten Jahrzehnten entwickelt. Und wir können sicher sein, dass das gewohnte Bild nicht bleibt und Neues zu erwarten ist, denn nicht Stillstand, sondern Dynamik kennzeichnet Natur und damit auch die Situation der Vögel in längeren Zeitabschnitten. Veränderungen sind also ganz natürlich und oft bedeuten sie zunächst noch gar nicht viel. Vielfach handelt es sich nämlich nur um kurzfristige Schwankungen. Wenn in einem Winter das Futterhaus kaum besucht wird, heißt das noch lange nicht, dass etwa die Meisen, Grünfinken und Haussperlinge in der weiteren Umgebung verschwunden sind oder irgendetwas an der gut gemeinten Futtergabe nicht stimmt. Vielleicht haben die Vögel zufällig eine andere ergiebige Futterquelle gefunden oder einen schlechten Sommer mit wenig Nachwuchs hinter sich, so dass ihre Zahl geringer ist und damit auch die Konkurrenz um Nahrung zwischen den Individuen keine so große Rolle spielt. Vielleicht sind aber auch mehr Vögel als in den Vorjahren zu Beginn der kalten Jahreszeit in ein anderes Gebiet abgewandert, so dass nur wenige Kilometer entfernt in den Gärten mehr Vögel als normalerweise zu beobachten sind. Wir können also nicht damit rechnen, Jahr für Jahr gleiche Verhältnisse anzutreffen.

Viele Gründe kommen für kurzfristige Veränderungen und Schwankungen in örtlichen Vogelbeständen in Frage, der Zufall spielt dabei auch oft eine Rolle. Das Kommen und Gehen der Vögel ist also gar nicht so leicht zu durchschauen. Manche simplen Erklärungsversuche sind schon deshalb unbefriedigend, weil für auffällige Veränderungen meist mehrere Faktoren zusammenkommen müssen. Sicher sind etwa streunende Katzen eine Gefahr für Gartenvögel und ihre Jungen. Aber wie groß ihr Einfluss ist, lässt sich sehr schwer abschätzen. In einem günstigen Sommer oder in einer vielgestaltigen Umgebung ist ihre Rolle vielleicht zu vernachlässigen. Sind die Umweltfaktoren und das Angebot von Ressourcen für Singvögel aber ungünstig, kann ein Beutefeind obendrein die Situation noch wesentlich verschlimmern. Außerdem kommt es sicher nicht nur darauf an, ob eine Katze tatsächlich Vögel fängt. Ihre bloße Anwesenheit kann Vogeleltern so stark beeinträchtigen, dass sie ständig aufgeregt warnen, statt ihre Jungen zu füttern. Bei schlechtem Nahrungsangebot und/oder niedrigen Lufttemperaturen schlagen solche erzwungenen Unterbrechungen natürlich schwerer zur Buche als bei günstigen Bedingungen. Allein die scheinbar so einfachen Wechselbeziehungen zwischen Katzen und Singvögeln werfen also viele Fragen auf, die sich nicht so einfach durchschauen lassen.

Man darf sich auch nicht täuschen lassen, wenn Vögel scheinbar ganz zahm und vertraut sind. Amseln in Stadtparks mit vielen Besuchern und streunenden Hunden haben deutlich größere Probleme, Nahrung zu suchen, als in solchen, in denen weniger Besucher oder die strikte Einhaltung von Wegegeboten die scheinbar so hervorragend ans Stadtleben angepassten Vögel stören. Mehr Aufwand und Anstrengung beim Nahrungserwerb bedeuten aber in der Regel auch geringere Lebenserwartung und niedrigeren Fortpflanzungserfolg.

Viele kleine Einflüsse wirken sich oft erst allmählich oder langfristig aus. Daher befassen sich Vogelkundler mit sorgfältigen, langfristigen Bestandsaufnahmen, die viel Zeit und Mühe beanspruchen. Oft kommt man zu überraschenden Ergebnissen. So hat neuerdings in vielen Städten und Dörfern der Haussperling dramatisch abgenommen. Eingehende Untersuchungen zeigen, dass die zunehmende Versiegelung und Verbauung grüner Flächen den engen Begleitern des Menschen keine Nahrungsquellen mehr übrig lässt. Rabenkrähen und Elstern, die in den letzten Jahren immer häufiger auch in Gärten und in Städten auftauchen, haben sich nicht etwa im Übermaß vermehrt, sondern finden in ausgeräumten Agrarlandschaften keine Brutmöglichkeiten mehr. So sind sie gewissermaßen in den menschlichen Siedlungsraum getrieben worden. Und schließlich sind in ganz Mitteleuropa weit ziehende Zugvögel heute mehr gefährdet als Standvögel und Teilzieher. Wir werden also mit starken Änderungen auch in Zukunft zu rechnen haben, wobei unübersehbar die Vielfalt der Arten auf dem Spiel steht, wenn wir nicht sorgfältiger mit dem Lebensraum der Vögel umgehen, der auch unserer ist.

Bild 34: Die Wacholderdrossel ist in vielen Gegenden Deutschlands erst im vorigen Jahrhundert als Brutvogel eingewandert.

Adressen

Bund für Umwelt und Naturschutz Deutschland e. V. (BUND)
Bundesgeschäftsstelle
Im Rheingarten 7
53225 Bonn
Tel. 0228/40097-0

Institut für Vogelforschung
„Vogelwarte Helgoland"
An der Vogelwarte 21
26386 Wilhelmshaven-Rüstersiel
Tel. 04421/968955

Landesbund für Vogelschutz in Bayern e.V.
Eisvogelweg 1
91161 Hilpoltstein
Tel. 09174/4775-0

Naturschutzbund Deutschland e.V. (NABU)
Birdlife Deutschland
Herbert-Rabius-Str. 26
53225 Bonn
Tel. 0228/97561-0

BirdLife Österreich
Gesellschaft für Vogelkunde
c/o Naturhistorisches Museum
Museumsplatz 1/10/8
A-1070 Wien 1
Tel. 0043/1/5234651

Verein Jordsand zum Schutz der Seevögel und der Natur e.V
Bornkampsweg 35
22926 Ahrensburg
Tel. 04101/32656

Vogelwarte Hiddensee
Zum Hochland 17
18565 Kloster, Hiddensee
Tel. 038300/212

Max-Planck-Institut für Ornithologie
Vogelwarte Radolfzell
Schlossallee 2
78315 Radolfzell
Tel. 07732/15010

Schweizerische Gesellschaft für
Vogelkunde und Vogelschutz (Ala)
Rüttenenweg 63
CH-4313 Möhlin AG

Schweizerische Vogelwarte
CH-6204 Sempach

Schweizer Vogelschutz (SVS)
BirdLife Schweiz
Postfach 8521
CH-8026 Zürich
Tel. 0041/1/4637271

Letzbuerger Natur- a Vulleschutzliga
Haus vun der Natur
Route de Kochelscheuer
L-1899 Kochelscheuer
Tel. 00352/2904041

Literatur

BARTHEL, P. H. & H. FRIELING (2000): Das neue Was fliegt denn da? Kosmos-Verlag, Stuttgart

BAUER, H. G. & P. BERTHOLD (1997): Die Brutvögel Mitteleuropas. Bestand und Gefährdung. Aula-Verlag, Wiebelsheim

BERGMANN, H.-H. & W. ENGLÄNDER (2005): Die Kosmos-Vogelstimmen-DVD. 100 Vögel, 100 Filme, 100 Stimmen. Kosmos-Verlag, Stuttgart

BEZZEL, E. (2002): Vögel beobachten. BLV-Verlag, München

BEZZEL, E. (1995): BLV Handbuch Vögel. BLV-Verlag, München

CHEVEREAU u.a. (2002): Die Kosmos-Vogelstimmenedition. Die Vögel Europas und Nordafrikas auf 10 CDs. Kosmos-Verlag, Stuttgart

DUQUET, M. & A. LAROUSSE (2205): Kosmosführer Vögel. Die 150 wichtigsten Arten nach Farbe bestimmen. Kosmos-Verlag, Stuttgart

Falke-Redaktion (1998): Feldornithologisches Notizbuch. Aula-Verlag, Wiebelsheim

HAYMAN, P. & R. HUME (2003): Die Kosmos Vogel-Enzyklopädie. Kosmos-Verlag, Stuttgart

HAYMAN, P. & R. HUME (2004): Die Vögel Europas. Der Pocketband. Kosmos-Verlag, Stuttgart

JONSSON, L. (1992): Die Vögel Europas. Kosmos-Verlag, Stuttgart

KIGHTLEY, C., S. MADGE & D. NURNEY (1998): Taschenführer Vögel. BLV-Verlag, München

LOHMANN, M. (1999): Vogelparadies Garten. BLV-Verlag, München

ROCHÉ, J. & D. SINGER (2004): Alle Vögel sind schon da. Unsere Singvögel. Bestimmungsbuch und CD. Kosmos-Verlag, Stuttgart

SVENSSON, L., P. J. GRANT, K. MULLARNEY & D. ZETTERSTRÖM (1999): Der neue Kosmos-Vogelführer. Kosmos-Verlag, Stuttgart

SVENSSON, L., P. J. GRANT, K. MULLARNEY & D. ZETTERSTRÖM (2000): Vögel Europas, Nordafrikas und Vorderasiens. Kosmos-Verlag, Stuttgart

SINGER, D. (2003): Was fliegt denn da? Der Fotoband. Kosmos-Verlag, Stuttgart

SINGER, D. (2002): Welcher Vogel ist das? Vögel Europas. Kosmos-Verlag, Stuttgart

Register

Mit 1 Zeichnung von Marianne Golte-Bechtle (Abb. 4), 43 Zeichnungen von Johannes-Christian Rost (Abb. 5, 8, 11, 12, 17, 20, 22, 23, 24, 29, 32) und 75 Zeichnungen aus dem Archiv (Abb. 5, S. 14, 15, 16, 17). Die farbigen Bestimmungszeichnungen wurden dem Buch von H. Frieling „Was fliegt denn da?", Kosmos-Verlag, entnommen. Mit 22 Fotos von Angermayer/Reinhard (Abb. 31), Angermayer/Schmidt (Abb. 30), J. Fünfstück (Abb. 33), R. Groß (Abb. 34), A. Limbrunner (Abb. 2, 9, 10, 14, 16, 18, 19, 25, 26, 27, 28), E. Pott (Abb. 1, 3, 6, 13, 34), H. Schrempp (Abb. 7, 15) und G. Steinbach (Abb. 21).

Layout-Konzept des Buches: Creativ GmbH, Ulrich Kolb, Leutenbach

Dem Buch liegen die Texte des Buches „Wir tun was für unsere Singvögel" von Dr. E. Bezzel (erschienen im Franz Schneider Verlag, München 1986 und Kosmos-Verlag, Stuttgart 1990) zu Grunde. Sie wurden für das hier vorliegende Buch von Dr. Bezzel neu bearbeitet.

Umschlag von F. Steinen-Broo, eStudio Calamar unter Verwendung einer Aufnahme von Peter Zeininger. Das Bild zeigt einen Gartenrotschwanz.

Die Vogelstimmen auf der CD wurden aufgenommen von Jean C. Roché, La Mure. Bearbeitung der Vogeluhr: Florian Schlesiger und Dr. Christa Söhl. Zeichnungen auf der Vogeluhr von Steffen Walentowitz.

Gunter Steinbach, geb. 1938, war nach seinem Studium in Hamburg 15 Jahre in Verlagen tätig und bewirtschaftete seit 1978 seinen Grünland- und Gartenhof im Westallgäu. Er war Autor oder Herausgeber einer großen Zahl von Büchern im Bereich Natur und biologischer Gartenbau. Er gründete 1985 die Aktion Ameise und gehörte dem Naturschutzbeirat seines Landkreises an.

Die hier vorliegende Fassung des Buches wurde in Zusammenarbeit mit dem NABU (Naturschutzbund Deutschland) herausgegeben.

©1998, 2003, 2005 Franckh-Kosmos Verlags-GmbH & Co. KG, Stuttgart
Alle Rechte vorbehalten
ISBN-13: 978-3-440-08917-0
ISBN-10: 3-440-08917-7
Lektorat: Sandra Kramps, Rainer Gerstle, Axel Meffert
Produktion: Johannes Geyer
Printed in the Czech Republic /
Imprimé en République tchèque